W0347994

Dr. Nils Freundlieb

Histologie Band 1

MEDI-LEARN Skriptenreihe

5., komplett überarbeitete Auflage

MEDI-LEARN Verlag GbR

Autor: Dr. Nils Freundlieb
Fachlicher Beirat: PD Dr. Rainer Viktor Haberberger

Teil 1 des Histologiepaketes, nur im Paket erhältlich
ISBN-13: 978-3-938802-86-1

Herausgeber:
MEDI-LEARN Verlag GbR
Elisabethstraße 9, 35037 Marburg/Lahn

Herstellung:
MEDI-LEARN Kiel
Dorfstraße 57, 24107 Ottendorf
Tel. 0431 78025-0, Fax 0431 78025-262
E-Mail redaktion@medi-learn.de
www.medi-learn.de

Verlagsredaktion:
Dr. Marlies Weier, Désirée Weber, Denise Drdacky, Jens Plasger, Ines Behlert, Kare Ahlschwede, Christian Weier, Janina Sörensen, Kirsten Reinfeld

Layout und Satz:
Fritz Ramcke, Kristina Junghans, Christian Gottschalk, Kira Süther, Julia Petersen, Arne von Bassi

Grafiker:
Dr. Günter Körtner, Irina Kart, Alexander Dospil, Christine Marx

Illustration:
Daniel Lüdeling

Druck:
Messedruck Leipzig GmbH

5. Auflage 2012
© 2012 MEDI-LEARN Verlag GbR, Marburg

Das vorliegende Werk ist in all seinen Teilen urheberrechtlich geschützt. Alle Rechte sind vorbehalten, insbesondere das Recht der Übersetzung, des Vortrags, der Reproduktion, der Vervielfältigung auf fotomechanischen oder anderen Wegen und Speicherung in elektronischen Medien.
Ungeachtet der Sorgfalt, die auf die Erstellung von Texten und Abbildungen verwendet wurde, können weder Verlag noch Autor oder Herausgeber für mögliche Fehler und deren Folgen eine juristische Verantwortung oder irgendeine Haftung übernehmen.

Wichtiger Hinweis für alle Leser
Die Medizin ist als Naturwissenschaft ständigen Veränderungen und Neuerungen unterworfen. Sowohl die Forschung als auch klinische Erfahrungen führen dazu, dass der Wissensstand ständig erweitert wird. Dies gilt insbesondere für medikamentöse Therapie und andere Behandlungen. Alle Dosierungen oder Applikationen in diesem Buch unterliegen diesen Veränderungen.
Obwohl das MEDI-LEARN Team größte Sorgfalt in Bezug auf die Angabe von Dosierungen oder Applikationen hat walten lassen, kann es hierfür keine Gewähr übernehmen. Jeder Leser ist angehalten, durch genaue Lektüre der Beipackzettel oder Rücksprache mit einem Spezialisten zu überprüfen, ob die Dosierung oder die Applikationsdauer oder -menge zutrifft. Jede Dosierung oder Applikation erfolgt auf eigene Gefahr des Benutzers. Sollten Fehler auffallen, bitten wir dringend darum, uns darüber in Kenntnis zu setzen.

Vorwort

Liebe Leserin, lieber Leser,

zu viel Stoff und zu wenig Zeit – diese zwei Faktoren führen stets zu demselben unschönen Ergebnis: Prüfungsstress!

Was soll ich lernen? Wie soll ich lernen? Wie kann ich bis zur Prüfung noch all das verstehen, was ich bisher nicht verstanden habe? Die Antworten auf diese Fragen liegen meist im Dunkeln, die Mission Prüfungsvorbereitung erscheint vielen von vornherein unmöglich. Mit der MEDI-LEARN Skriptenreihe greifen wir dir genau bei diesen Problemen fachlich und lernstrategisch unter die Arme.

Wir helfen dir, die enorme Faktenflut des Prüfungsstoffes zu minimieren und gleichzeitig deine Bestehenschancen zu maximieren. Dazu haben unsere Autoren die bisherigen Examina (vor allem die aktuelleren) sowie mehr als 5000 Prüfungsprotokolle analysiert. Durch den Ausschluss von „exotischen", d. h. nur sehr selten gefragten Themen, und die Identifizierung immer wiederkehrender Inhalte konnte das bestehensrelevante Wissen isoliert werden. Eine didaktisch sinnvolle und nachvollziehbare Präsentation der Prüfungsinhalte sorgt für das notwendige Verständnis.

Grundsätzlich sollte deine Examensvorbereitung systematisch angegangen werden. Hier unsere Empfehlungen für die einzelnen Phasen deines Prüfungscountdowns:

Phase 1: Das Semester vor dem Physikum
Idealerweise solltest du schon jetzt mit der Erarbeitung des Lernstoffs beginnen. So stehen dir für jedes Skript im Durchschnitt drei Tage zur Verfügung. Durch themenweises Kreuzen kannst du das Gelernte fest im Gedächtnis verankern.

Phase 2: Die Zeit zwischen Vorlesungsende und Physikum
Jetzt solltest du täglich ein Skript wiederholen und parallel dazu das entsprechende Fach kreuzen. Unser „30-Tage-Lernplan" hilft dir bei der optimalen Verteilung des Lernpensums auf machbare Portionen. Den Lernplan findest du in Kurzform auf dem Lesezeichen in diesem Skript bzw. du bekommst ihn kostenlos auf unseren Internetseiten oder im Fachbuchhandel.

Phase 3: Die letzten Tage vor der Prüfung
In der heißen Phase der Vorbereitung steht das Kreuzen im Mittelpunkt (jeweils abwechselnd Tag 1 und 2 der aktuellsten Examina). Die Skripte dienen dir jetzt als Nachschlagewerke und – nach dem schriftlichen Prüfungsteil – zur Vorbereitung auf die mündliche Prüfung (siehe „Fürs Mündliche").

Weitere Tipps zur Optimierung deiner persönlichen Prüfungsvorbereitung findest du in dem Band „Lernstrategien, MC-Techniken und Prüfungsrhetorik".

Eine erfolgreiche Prüfungsvorbereitung und viel Glück für das bevorstehende Examen wünscht dir

Dein MEDI-LEARN Team

KOSTENLOSES
PROBEKAPITEL

WWW.MEDI-LEARN.DE/SKR-ABENTEUER

AB DEM 5. SEMESTER GEHT ES ERST RICHTIG LOS

ABENTEUER KLINIK!

MEDI-LEARN®

Inhalt

Für Studierende der akademischen Heilberufe:

Kostenfreies MEDI-LEARN Biochemie-Poster.

- Von Dozenten entwickelt
- Ideale Lernhilfe
- Besonders übersichtlich
- Grafisch exzellent aufbereitet

Jetzt kostenfrei im Internet bestellen

www.aerzte-finanz.de/biochemie und bei Ihrem persönlichen Berater der Deutschen Ärzte Finanz abholen!

Deutsche Ärzte Finanz

Standesgemäße Finanz- und Wirtschaftsberatung

1 Zytologie

Fragen in den letzten 10 Examen: 10

Histologie ist die Lehre vom Gewebe und für die Medizinstudenten die Lehre vom menschlichen Gewebe. Histologen glauben, je genauer sie sich Körperteile ansehen, desto eher würden sie verstehen, warum sie so aussehen, wie sie aussehen, und wie sie funktionieren. Sie haben von der Lupe über das Lichtmikroskop bis hin zu Elektronenmikroskopen immer ausgefeiltere Instrumente hergestellt, sich die verrücktesten Färbetechniken ausgedacht und Augenlicht und sicher auch große Teile an Lebenslust ihrem Streben geopfert. Das Ergebnis dieses ehrwürdigen und ziemlich ermüdenden Bemühens ist hier physikumstauglich für dich zusammengefasst, hoffentlich ohne dein Augenlicht und deine Lebenslust zu arg zu strapazieren.
Man unterteilt die Histologie in zwei große Gebiete, die allgemeine und die spezielle Histologie. Die allgemeine Histologie beschäftigt sich mit der Zelle, mit dem Gewebe „an sich“, um damit den Grundstein zu legen für eine Auseinandersetzung mit den einzigartigen, unglaublich vielfältigen Zellen, Geweben und Organen in unserem wunderbaren Körper, also für die spezielle Histologie. In diesem ersten der beiden Histologieskripte geht es daher um das Erlernen und Verstehen von Begriffen, ohne die ein Blick auf unseren Körper so undifferenziert wäre wie das Betrachten der „Mona Lisa“ ohne kunstgeschichtliches Wissen: voller Ehrfurcht, aber ohne Verständnis.

Die Zytologie wird ausführlich im Biologie-Skript abgehandelt, trotzdem halte ich eine kurze Zusammenfassung für notwendig: Ein Physikumsklassiker z. B. sind die „Erkenne-das-Organell-und-sage-mir-was-dazu-Fragen“. Deswegen werden hier noch einmal kurz die wichtigsten **Organellen** mit ihren herausstechendsten Eigenschaften und Merkmalen wiederholt.

Die Kenntnis von **Zellverbindungen** erleichtert ungemein das Verständnis von so unterschiedlichen Phänomenen wie Zellkommunikation, Strukturerhalt und nebenbei auch einiger auf den ersten Blick undurchschaubar erscheinenden Physikumsfragen.
Der Abschnitt **Gewebeveränderungen** soll dir wichtige Vokabeln nahe bringen und daran erinnern, dass es eine ganze Menge von Phänomenen gibt, die entscheidende Auswirkungen auf unser Leben haben, die wir mit dem Blick durchs Mikroskop aber kaum oder nur indirekt erkennen können, da wir immer auf totes, fixiertes und damit verändertes Gewebe blicken.

1.1 Organellen

Die Organellen sind durch eine Zellmembran vom Zytoplasma abgetrennte räumliche und funktionelle Einheiten, in denen jeweils spezifische Aufgaben erfüllt werden. Zuerst werden dir die wesentlichen Eigenschaften vorgestellt, danach sind einige Physikumsbilder angefügt, an denen du das Erkennen von Organellen üben kannst.

1.1.1 Plasmamembran

Die Plasmamembran ist natürlich kein Organell an sich, ist aber als Begrenzung der Zellorganellen und der Zelle von entscheidender Bedeutung. Sie muss schier unlösbare Aufgaben erfüllen:

1. So viel wie nötig und so wenig wie möglich durchlassen,
2. hochflexibel und gleichzeitig fest genug sein, um die Zelle zusammenzuhalten.

Die Natur hat diese Aufgabe mit einer **bimolekularen Schicht aus Phospholipiden** gelöst, in der verschiedenste Proteine wie Holz auf der Wasseroberfläche frei beweglich schwimmen. Diese können entweder nur auf einer Sei-

te der Plasmamembran schwimmen oder ganz durch sie hindurchgehen. Letztere bezeichnet man als Transmembranproteine oder integrale **Membranproteine**. Viele dieser Membranproteine besitzen auf der Außenseite der Plasmamembran einen Aufsatz aus Zuckermolekülen, die zusammen einen dichten Filz bilden: die **Glykokalix**. Sie ist wichtig z. B. als Träger der Immunität der Zelle. Außerdem sorgt sie beispielsweise im Dünndarm dafür, dass Nahrungsbestandteile im Filz gefangen werden und so länger zur Aufnahme in die Zelle zur Verfügung stehen.
Manche der Membranproteine verknüpfen sich untereinander und bilden „Flöße" (auf schlau lipid raft genannt). So können auf der Membran örtlich spezifische Aufgaben wahrgenommen werden.

1.1.2 Zellkern = Nukleus

Alle menschlichen Zellen mit Ausnahme der Erythrozyten besitzen einen Zellkern, Hepatozyten, Osteoklasten und Muskelzellen sogar mehrere. Lage, Größe und Form können häufig bei der Bestimmung der Zelle helfen.
Der Kern wird von einer zusammenhängenden Hülle – dem **Karyolemm** (Kernmembran) – umgeben. Diese doppelte Membran enthält an manchen Stellen Kernporen, mit denen das Nukleoplasma (Karyoplasma, Zellkerninhalt) direkt mit dem Zytoplasma in Verbindung steht.
Der Kern enthält fast das gesamte genetische Material der Zelle in Form von Chromosomen. Nicht benutzte DNS wird um Histone (globuläre basische Proteine) gewickelt und liegt damit komprimiert vor. Die Einheit eines Histonkomplexes mit umschlingender DNS wird als Nukleosom bezeichnet.
Innerhalb des Zellkerns sind häufig Nukleoli (sing. **Nukleolus**) erkennbar. Dabei handelt es sich um runde, dichte Gebilde, in denen eine besonders lebhafte Synthese ribosomaler RNA stattfindet.

Du solltest darauf achten, den Nukleolus nicht mit dem Nukleosom zu verwechseln.

1.1.3 Mitochondrien

Die Mitochondrien gelten als das **Kraftwerk der Zelle**: In ihrer inneren Membran liegen die Moleküle der **Atmungskette**, die den Energieträger der Zelle – das ATP – erzeugen. Man nimmt an, dass die Mitochondrien in grauer Vorzeit einmal eigenständige **Prokaryonten** waren, die von eukaryontischen Zellen aufgenommen wurden und seitdem in Symbiose miteinander leben (Endosymbiontentheorie).
Dafür spricht, dass

1. die Mitochondrien eine eigene, ringförmige DNA besitzen,
2. sie von zwei Zellmembranen umgeben sind,
3. sie eigene Ribosomen besitzen, die als 70S-Partikel bezeichnet werden und aus einer 50S- und einer 30S- Untereinheit bestehen (im Gegensatz zu den 80S-Ribosomen (60S + 40S) der eukaryontischen Zellen). Mit diesen stellen sie eigene Proteine her.
4. sie sich durch Querteilung innerhalb der Zelle vermehren.

Die innere Plasmamembran ist vielfach eingefaltet und bildet so die **Cristae**, an denen ein Mitochondrium meistens auch leicht zu erkennen ist.
Die innere Zellmembran der Mitochondrien besitzt anstelle von Cholesterol Cardiolipin als membranstabilisierendes Phospholipid, eine Tatsache, die gerne mal gefragt wird.

Übrigens ...
In steroidsynthetisierenden Zellen sind die Einstülpungen der inneren Mitochondrienmembran fingerförmig. Hier spricht man von Mitochondrien vom Tubulus-Typ. Im schriftlichen Examen werden mit Freude die Begriffe „steroidsynthetisierende Zelle" und „Zelle mit Mitochondrien vom Tubulus-Typ" synonym verwendet. Lass dich also davon nicht verwirren.

1.1.4 Endoplasmatisches Retikulum

Retikulum heißt Netzchen, und wirklich bildet das endoplasmatische Retikulum weite Netze – oder eher Gänge – innerhalb der Zelle. Man unterscheidet das

- **raue endoplasmatische Retikulum** (rER = rough endoplasmatic reticulum).
  Es erscheint rau wegen vieler kleiner schwarzer aufgelagerter Pünktchen, den Ribosomen. Sie synthetisieren die exportablen Proteine, die in den Raum zwischen den beiden Membranen des ER eingeschleust und dann – wie per Rohrpost – zum Golgiapparat geschickt werden.
- **glatte endoplasmatische Retikulum** (gER = sER = smooth endoplasmatic reticulum).
  Das glatte endoplasmatische Retikulum erkennst du meistens daran, dass du nicht wirklich etwas erkennst. Die Ribosomen fehlen auf den Membranen. Deswegen erkennst du nur viele „Spaghetti" und kaum wirklich eng umgrenzte Strukturen. Hier werden Steroide synthetisiert, in der Leber findet hier die Biotransformation und Gluconeogenese statt (s. Skript Biochemie 7), im Enterozyt wird hier vorläufig Fett gespeichert und im Skelettmuskel Calcium.

Merke!

Im Skelettmuskel heißt das gER **sarkoplasmatisches Retikulum**.

1.1.5 Golgi-Apparat

Der Golgi-Apparat gilt als die **Verladestation der Zelle**. An seiner cis-Seite docken Bläschen aus dem ER an, deren Inhalt dann modifiziert wird. Das bedeutet, dass z. B. an die im ER synthetisierten Proteine Zuckerreste angefügt werden, die als „Adressen" dienen. An der trans-Seite lösen sich die Bläschen ab und werden zur Zellaußenseite oder zu anderen Organellen, z. B. den Lysosomen, transportiert. Der Golgi-Apparat ist auch am **Membranfluss** beteiligt. Er sorgt also dafür, dass die Plasmamembran immer wieder mit neuen Membranteilen der Vesikel aufgefüllt wird.

1.1.6 Lysosom

Das Lysosom gilt als der Schredder der Zelle. Man unterscheidet zwei Zustandsarten:

1. Im **primären Lysosom** sind die Enzyme an Rezeptorproteine, die in der Organellenmembran liegen, gekoppelt und damit inaktiv.
2. Verschmilzt ein primäres Lysosom mit zelleigenem, abzubauendem Material, entsteht daraus ein Autolysosom; verschmilzt es mit Bläschen voller endozytotisch aufgenommenem, zellfremdem Material, entsteht ein Heterolysosom. Beide bezeichnet man auch als **sekundäre Lysosomen**. In ihnen lösen sich die lysosomalen Enzyme von den Rezeptoren, liegen damit im aktiven Zustand vor und sind so enzymatisch wirksam.

Lysosomen mit nicht abgebauten Resten (Residualkörperchen oder Telolysosomen genannt) werden meistens exozytiert. In manchen Zellen in der G_0-Phase, wie Herz-, Leber- und Nervenzellen, können sie jedoch teilweise nicht abgestoßen werden und akkumulieren, sodass aus ihnen Pigmente entstehen, z. B. das Lipofuszin oder Alterspigment (s. IMPP-Bild 1, S. 60 und IMPP-Bild 2, S. 60 im Anhang).
Im EM-Bild (s. Abb. 1, S. 4) erkennst du Lysosomen an einem sehr uneinheitlichen Organelleninhalt, der an manchen Stellen stärker, an manchen Stellen schwächer angefärbt ist und häufig sogar noch Reste anderer Organellen enthält (z. B. Mitochondrienreste).

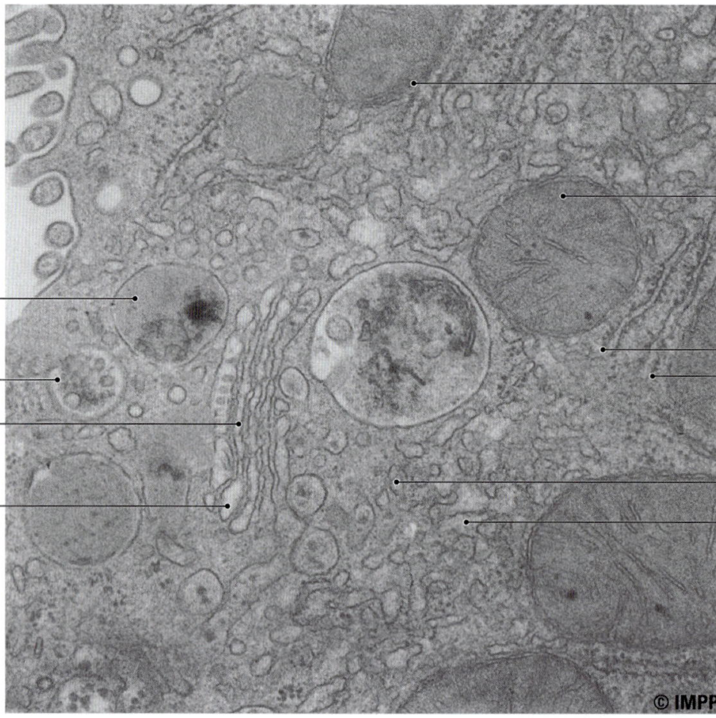

Abb. 1: EM-Bild Zellorganellen

medi-learn.de/histo1-1

1.1.7 Peroxisom

Peroxisomen sind Teile eines entwicklungsgeschichtlich schon sehr lange vorhandenen, primitiven Energiebildungssystems, dessen wichtigstes Merkmal das Vorhandensein der beiden Enzyme **Peroxidase** und **Katalase** ist. Die Peroxidase reduziert Sauerstoff zu Wasserstoffperoxid, das wiederum von der Katalase abgebaut wird. Beim Menschen wird das hochreaktive Peroxid nicht zur Energiebildung, sondern beim Abbau besonders langer Fettsäuren und bei peroxidatischen Entgiftungsreaktionen benötigt. Peroxisomen bilden relativ kleine Organellen mit gleichmäßig angefärbtem Inhalt, in dem häufig ein einzelner dunklerer Fleck zu erkennen ist.

1.1.8 Zytoskelett

Der Größe nach geordnet, bilden Mikrotubuli, Intermediärfilamente und Mikrofilamente (= Aktinfilamente) zusammen das Zytoskelett der Zelle. Dabei handelt es sich um ein dynamisches, hochstrukturiertes Netzwerk zur **Aufrechterhaltung der Gestalt**, das aber auch wie **Schienenwege** für gerichteten Transport innerhalb der Zelle und für **Bewegungsvorgänge** der Zelle benutzt wird.

Mikrotubuli

Mikrotubuli sind gerade und relativ starre Röhren, die erstaunlich schnell auf- und abgebaut werden können. Dies ist möglich, da sie aus erdnussförmigen **Tubulindimeren** aufgebaut sind, die sich längs- und seitwärts aneinander lagern und Röhren bilden. Das Wachstum der Mikrotubuli erfolgt asymmetrisch, da sie über ein relativ stabiles, langsam wachsendes Minusende (z. B. an den Zentriolen) und über ein schnell wachsendes Plusende in der Peripherie verfügen. Mikrotubuli können einzeln oder zu größeren Strukturen zusammengeschlossen vorliegen und sind meistens zu den Zentrosomen (s. u.) hin angeordnet. Sie sind wesentlich für

- die Aufrechterhaltung der Gestalt,
- den gerichteten Zelltransport.

Notwendig für den Transport längs der Mikrotubuli-Schienen – z. B. von Vesikeln beim axonalen Transport der Nervenzellen – sind die beiden Proteine **Dynein** und **Kinesin**, die sich ATP-abhängig an ihnen verschieben.

Zentriolen sind zylinderförmige Zellorganellen und gelten als Organisationszentren der Mikrotubuli. Paarweise angeordnet und von dichtem perizentriolärem Material umgeben, heißen sie **Zentrosomen**. Im Rahmen der Mitose (genauer: in der S-Phase der Interphase) verdoppeln sich die Zentriolen und sind Ansatzpunkt der Mitosespindel.
Zilien sind aus Mikrotubuli aufgebaute Zellausstülpungen. Die Mikrotubuli liegen hier in einer typischen Anordnung, nämlich als 9 · 2 + 2-Struktur vor. Das heißt, dass neun Pärchen aus zwei Mikrotubuliröhren (Duplets) kreisförmig um ein weiteres Pärchen in der Mitte angeordnet sind. Die Duplets sind mittels flexibler **Nexinbrücken** miteinander verbunden. Zangenförmige Strukturen (Dynein) greifen von einem äußeren Duplet zum nächsten und können ATP-abhängig zu einer Verschiebung benachbarter Duplets führen. So verbiegt sich die gesamte Struktur und das Zilium bewegt sich.

Intermediärfilamente

Intermediärfilamente heißen so, weil ihr Durchmesser zwischen dem der großen Mikrotubuli und dem der kleinen Aktinfilamente liegt. Sie sind die stabilsten Komponenten des Zytoskeletts und werden deswegen häufig zur Klassifizierung von Zellen verwendet, wie z. B. zur Beantwortung der Frage nach der Herkunft von Tumorzellen.

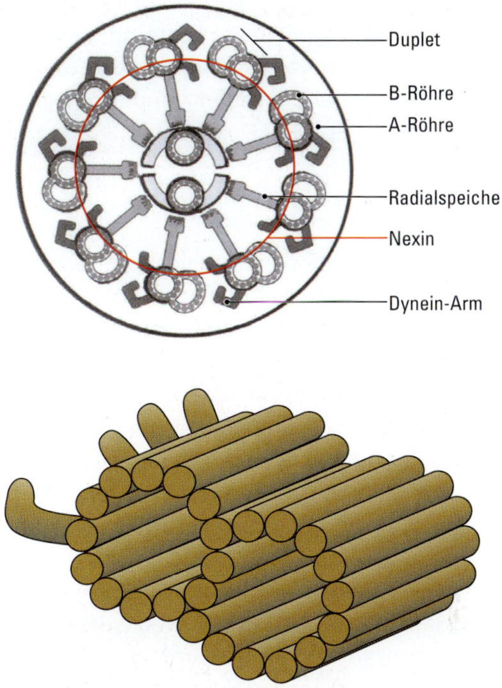

Abb. 2: Mikrotubuli mit 9 · 2 + 2-Struktur **© IMPP**
medi-learn.de/histo1-2

Mit großer Regelmäßigkeit wurden im Physikum die verrücktesten Bestandteile der Intermediärfilamente (IF) gefragt. Hier die wichtigsten:

IF Komponente	Vorkommen	Funktion
Vimentin	mesenchymale Zellen (z. B. Fibrozyten)	Struktur, vorwiegend in der Entwicklung
(Zyto-) Keratin	epitheliale Zellen (Haut, Haare, Nägel)	mechanischer Schutz der Epithelien
Desmin	Muskelzellen	verbindet Myofibrillen
GFAP (saures Gliafibrillenprotein)	Astrozyten	bindet an Intermediärfilamente (Zytoskelett)

Tabelle 1: Wichtige Bestandteile der Intermediärfilamente

Besonders nach dem GFAP wird häufig gefragt, vielleicht weil seine Färbung so schöne Bilder von Astrozyten erzeugt (s. Abb. 3). Nach Letzteren wird auch immer wieder gefragt (s. 2.4.3 Neuroglia, S. 54).

Aktinfilamente = Mikrofilamente

Aktinfilamente sind aus Aktin aufgebaut und häufig mit Myosin assoziiert. In den Muskelzellen liegen sie sehr geordnet vor und sind Bestandteil der Sarkomere (S. 41). In vielen anderen Zellen bilden sie ein ungeordnetes Netz, das für eine gewisse Kontraktilität der Zellen sorgt oder sogar bei der amöboiden Bewegung von Zellen mithilft, z. B. bei den Leukozyten oder bei Zellen, die während der Entwicklung wandern.
Es gibt auch Aktinfilamente, die nicht oder nur wenig mit Myosin verbunden sind. Sie bilden u. a. das subplasmalemnale Netzwerk, das die Zellmembran stabilisiert und Verankerungspunkt für Desmosomen oder Mikrovilli bildet.

1.2 Zellverbindungen

Drei Arten von Zellverbindungen sind für das Physikum elementar wichtig:
1. Undurchlässige Verbindungen,
2. Haftverbindungen,
3. kommunizierende Verbindungen.

Auch hier wurde bislang gerne nach typischen Proteinen gefragt, die du deswegen unbedingt parat haben solltest. Am besten merkst du dir gleich jetzt schon die Integrine, Laminine und Fibronektine, die der Anheftung der Zellmembran an die Basallamina dienen (s. 2.1.2 Basalmembran, S. 16).

1.2.1 Undurchlässige Verbindungen = Tight Junctions = Zonulae occludentes

Tight Junctions entstehen durch eine Verschmelzung der äußeren Schicht der Zellmembranen zweier benachbarter Zellen mittels der Membranproteine Occludin und Claudin. Sie kommen im Wesentlichen an Oberflächenepi-

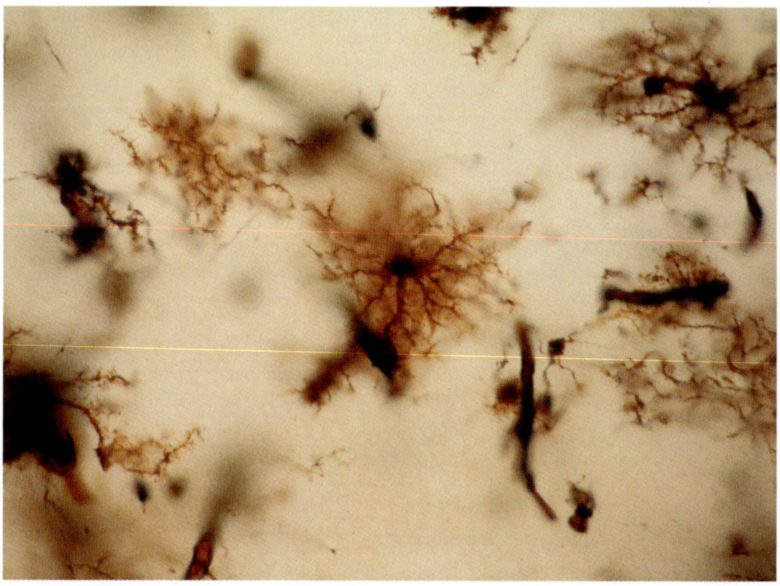

Abb. 3: GFAP-Färbung von Astrozyten an Gehirnkapillaren

medi-learn.de/histo1-3

thelien vor, z. B. in Blutgefäßen oder der Haut, und haben zwei wichtige Aufgaben:

1. Sie verhindern den freien Durchtritt von Substanzen zwischen zwei Zellen (den parazellulären Transport). Damit sind sie ein wesentlicher Bestandteil der Blut-Hirn-Schranke und der Blut-Luft-Schranke.
2. Sie erzeugen zwei verschiedene Zellmembranabschnitte mit verschiedenen Membranproteinen: die apikale und die basolaterale Seite. Die Proteine können zwar auf der einen Seite frei in der Membran herumschwimmen, die Tight Junctions können sie aber nicht überwinden.

Merke!

Claudio (Claudin) und Okka (ein Mädchenname, hier für Occludin) sind sich sehr nah.

1.2.2 Haftverbindungen = Desmosomen

Desmosomen halten Zellen mechanisch zusammen und sind so vor allem an besonders beanspruchten Stellen zu finden, wie z. B. dem Stratum spinosum der Haut. Im EM-Bild charakteristisch sind Verdichtungen innerhalb der Zelle und Verdichtungen im Extrazellulärraum (zwischen zwei benachbarten Zellen).

Man unterscheidet fünf verschiedene Formen von Desmosomen:

1. **Fleckdesmosomen = Maculae adhaerentes**
   Ein Fleckdesmosom sieht aus wie zwei Blatt Papier (Zellmembranen zweier benachbarter Zellen), die von zwei Kühlschrankmagneten (Desmosomen) zusammengehalten werden. Dabei sind auf der intrazellulären Seite Schlaufen der Intermediärfilamente an einem plaqueartigen Protein (deswegen Desmoplakin genannt) direkt angrenzend an die Plasmamembran befestigt. Von dort ziehen Cadherine durch die Zellmembran und verbinden sich mit den Cadherinen der anderen Seite. Fleckdesmosomen kommen zwischen Herzmuskelzellen und im Epithel vor.
2. **Punktdesmosomen = Puncta adhaerentes**
   Sie kommen ubiquitär (überall) vor und sind etwas kleiner als Fleckdesmosomen.
3. **Gürteldesmosomen = Zonulae adhaerentes**
   Sie verlaufen unter den Tight Junctions gürtelförmig um die Zelle herum und sind typisch für kubisches und hochprismatisches Epithel.
4. **Hemidesmosomen**
   Ein einzelner Kühlschrankmagnet heftet ein Blatt Papier an den Kühlschrank. Hemidesmosomen heften die basale Membran von Epithelzellen an die Basalmembran.

   Hierbei verknüpft das Transmembranprotein Integrin die Keratinfilamente (v. a. Laminin) der Basalmembran mit den Intermediärfilamenten innerhalb der Zelle.
5. **Streifendesmosomen = Fasciae adhaerentes**
   Sie gleichen den Zonulae adhaerentes und kommen nur in den Disci intercalares des Herzens vor.

1.2.3 Kommunizierende Verbindungen = Gap Junctions = Nexus

Physikumsliebling sind die Gap Junctions, Komplexe aus hunderten von kleinen Tunneln, den Connexonen. Connexone sind Poren aus sechs Proteinuntereinheiten (Connexine), die zusammen ein Loch in der Zellmembran bilden und mit weiteren sechs Proteinen der benachbarten Zellmembran eine Röhre schaffen, in der das Zytoplasma der einen Zelle direkt mit dem der anderen in Kontakt steht. Das hat zwei wichtige Folgen:

1. Durch den Tunnel können Stoffe diffundieren, es besteht also eine metabolische Kopplung der Zellen.
2. Durch den Tunnel können sich Ionen bewegen, es besteht daher auch eine elektrische Kopplung. Beispiel: Im Herzen funktionieren Gap Junctions somit als transmitterfreie elektrische Synapsen.

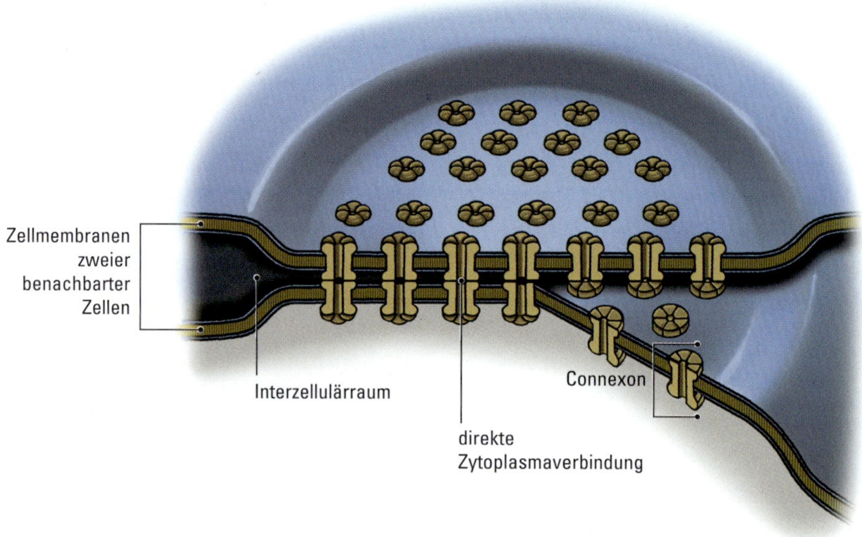

Abb. 4: Gap Junctions

medi-learn.de/histo1-4

Auf diese Art sorgen Nexus dafür, dass

- ganze Zellverbände gemeinsam funktionieren (funktionelles Synzytium). Dies ermöglicht z. B. eine schnelle Erregungsausbreitung und die fast gleichzeitige Kontraktion der Herzzellen (s. 2.3.2 Herzmuskulatur, S. 44).
- eine Zelle ihre Nachbarzelle ernähren kann. So werden z. B. Osteozyten fern des Haverkanals ernährt (s. 2.2.6, S. 36).

Nexus kommen ubiquitär vor, mit einer wichtigen Ausnahme: Skelettmuskeln besitzen keine Gap Junctions, da dort eine genaue Steuerung jeder einzelnen Muskelfaser Voraussetzung für exakte Bewegungsabläufe ist.

1.2.4 Schlussleisten = Haftkomplexe

Zonulae occludentes (Tight Junctions), **Zonulae adhaerentes** (Gürteldesmosomen) und **Maculae adhaerentes** (Fleckdesmosomen) bilden die mikroskopisch sichtbare Schlussleiste, die die lateralen Seiten von Epithelzellen verbindet.

1.3 Zelltransport

Endozytose = „in die Zelle hinein":
Hier unterscheidet man zwei wichtige Prozesse: Bei der **Pinozytose** binden integrierte Membranproteine auf der Außenseite die aufzunehmenden Moleküle und öffnen auf der Innenseite der Zelle Bindungsstellen für Clathrin, ein dreiarmiges Molekül. Viele dieser angelagerten Clathrinmoleküle reagieren miteinander und stülpen die Zellmembran ein. Es entsteht ein (von innen) bedecktes Grübchen, englisch „Coated Pit". Diese Einstülpung geht so lange weiter, bis ein von Clathrin bedecktes Bläschen (ein Coated Vesicle oder Stachelsaumbläschen) entstanden ist, in dem sich die aufzunehmende Substanz befindet. Unmittelbar danach lösen sich die Clathrinmoleküle vom Vesikel, um wiederverwendet werden zu können.
Die **Phagozytose** entsteht durch Ausstülpungen der Zellmembran um das aufzunehmende Objekt herum, z. B. wenn ein Makrophage ein Bakterium frisst.

Transzytose (Zytopempsis) = „durch die Zelle hindurch"

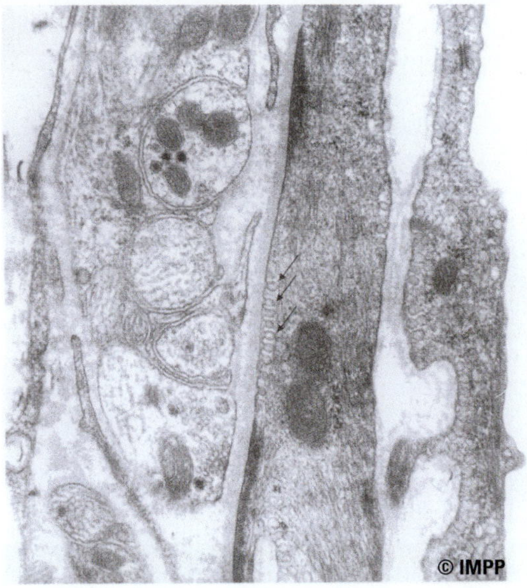

Caveolae (lat.: kleine Höhlen; Marker-Protein = Caveolin), gebildet durch spezialisierte „lipid rafts“ (s. S. 2) als morphologisches Substrat der Transzytose bei Endothelzellen. Links neben der Endothelzelle erkennt man mehrere durch eine dreischichtige Membran (dunkel, hell, dunkel) abgrenzbare Strukturen, die Nervenfasern entsprechen.

Abb. 5: Caveolae *medi-learn.de/histo1-5*

Exozytose = „aus der Zelle heraus“

Spezielle Proteine, die Anexine, helfen bei der Fusion der Organellen- und der Zellmembran, wodurch der Organelleninhalt in den extrazellulären Raum abgegeben wird.

1.4 Gewebeveränderungen

Im Gegensatz zum fixierten Gewebe auf den Objektträgern verändert sich der menschliche Körper ständig: Überflüssiges wird abgebaut, Notwendiges verstärkt gebildet. Um diese Vorgänge sinnvoll beschreiben zu können, musst du ein paar Vokabeln lernen, deren Kenntnis beim mündlichen und beim schriftlichen Teil als Basis der Basis vorausgesetzt werden:

Bei einer **Hypertrophie** nimmt das Zellvolumen zu, die Zellzahl bleibt gleich. Beispiel: Das Herz vergrößert sich bei körperlichem Training physiologischerweise durch Hypertrophie.

Bei einer **Hyperplasie** nimmt die Zellzahl zu, so vergrößert sich z. B. die Brustdrüse während der Schwangerschaft.

Bei der **Atrophie** unterscheidet man zwei Arten:

- Die einfache Atrophie (Hypotrophie), bei der das Zellvolumen sinkt und die Zellzahl konstant bleibt.
- Die numerische Atrophie (Hypoplasie), bei der die Zellzahl abnimmt.

Bei einer **Metaplasie** wandelt sich ein differenziertes Gewebe in ein anderes um. So kann sich z. B. an der Portio vaginalis einschichtiges Zylinderepithel in mehrschichtig unverhorntes Plattenepithel wandeln. Das veränderte Epithel im Bereich der Metaplasie neigt verstärkt zur malignen Entartung.

Bei einer **Nekrose** kommt es zum pathologischen, unkontrollierten Absterben von Zellen, z. B. beim Herzinfarkt durch Minderversorgung des Myokards mit Sauerstoff.

Bei einer **Apoptose** stirbt die Zelle physiologisch, auf programmierte Weise. Dies geschieht häufig unter Mitwirkung von Caspasen (eine Untergruppe der Proteasen = proteinspaltende Enzyme). So verringert sich z. B. das Brustdrüsenepithel nach dem Abstillen.

DAS BRINGT PUNKTE

In fast jedem Physikum tauchen Fragen zu den **Zellorganellen, Zytoskelettbestandteilen** und **Zellverbindungen** auf. Du solltest

- EM-Bilder von Zellorganellen sowie die immer gleiche Zellskizze (s. Abb. 9, S. 15) erkennen können und etwas über Aufbau und Funktionsweise v. a. von Mitochondrien und Lysosomen wissen;
- wissen, dass Zellen mit Mitochondrien vom Tubulus-Typ Steroide synthetisieren;
- die Lokalisation der unterschiedlichen Intermediärfilament-Typen in- und auswendig kennen;
- den Aufbau, die charakteristischen Proteine, die Lokalisation und Funktion der Zell-Zellverbindungen kennen, und ganz besonders einfach alles zu den Gap Junctions im Kopf haben sowie
- mit den Begriffen Hyper-/Hypotrophie und Hyper-/Hypoplasie spielen können.

FÜRS MÜNDLICHE

Zu Beginn dieses Skriptes hast du die Zellen mit ihren Verbindungen zueinander und ihren Organellen kennengelernt. Jetzt kannst du dein Wissen alleine oder mit deiner Lerngruppe anhand der folgenden Fragen der mündlichen Prüfungskontrolle überprüfen.

1. **Welche Zellorganellen kennen Sie? Bitte nennen Sie deren wesentliche Aufgaben.**
2. **Erklären Sie bitte, auf welchem Wege ein intrazellulär synthetisiertes Protein zum Extrazellulärraum transportiert wird.**
3. **Bitte erläutern Sie, was Zellen verbindet.**
4. **Erklären Sie bitte, wie Gap Junctions funktionieren.**
5. **Bitte erklären Sie, woraus das Zytoskelett aufgebaut ist.**

---

1. Welche Zellorganellen kennen Sie? Bitte nennen Sie deren wesentliche Aufgaben.

Zellkern:
Organisation und Verarbeitung der genetischen Information der Zelle (Bibliothek der Zelle).

Mitochondrium:
Ort der Atmungskette, also Produktion der Energieträger (ATP), Endosymbiontentheorie erläutern.

Endoplasmatisches Retikulum:

- rER: Syntheseort exportabler Proteine
- gER: Speicher und Ort der Biotransformation sowie Gluconeogenese in der Leber.

Lysosom:
Ort des intrazellulären Abbaus von Proteinen.

Peroxisom:
Ort u. a. der Entgiftung und des Fettsäureabbaus mittels Peroxidase und Katalase.

2. Erklären Sie bitte, auf welchem Wege ein intrazellulär synthetisiertes Protein zum Extrazellulärraum transportiert wird.
Synthese an Ribosomen des rER, Transport innerhalb des ER Richtung Golgi, im Vesikel zur Golgi cis-Seite, Modifikation, Exportvesikel aus Golgi trans-Seite, Exozytose.

3. Bitte erläutern Sie, was Zellen verbindet.

- Direkte Verbindungen: Tight Junctions, Zonulae adhaerentes, Desmosomen, Gap Junctions.
- Indirekt über Basalmembran.

4. Erklären Sie bitte, wie Gap Junctions funktionieren.

Connexone bilden Tunnel durch die Zellmembran zweier benachbarter Zellen, sodass eine direkte Zytoplasmaverbindung entsteht. Dadurch elektrische und metabolische Kopplung.

5. Bitte erklären Sie, woraus das Zytoskelett aufgebaut ist.

Mikrotubuli, Intermediärfilamente, Mikrofilamente.

Mehr Cartoons unter www.medi-learn.de/cartoons

Pause

Ein paar Seiten hast du schon geschafft!
Kurzes Päuschen und weiter geht's!

2 Gewebelehre

Fragen in den letzten 10 Examen: 35

Nach dem Aufbau der einzelnen Zelle stehen jetzt die Zusammenschlüsse von Zellen, also die Gewebe, auf dem Programm. Histologen betonen häufig, wie einfach der menschliche Körper aufgebaut ist, da er nur aus vier verschiedenen Grundgeweben besteht:

1. Epithelgewebe,
2. Bindegewebe,
3. Muskelgewebe,
4. Nervengewebe.

Das ist ein bisschen geschummelt, da z. B. unter dem Begriff Bindegewebe so unterschiedliche Gewebe wie Knorpel-, Knochen-, Fett- und natürlich das klassische Bindegewebe zusammengefasst werden. Trotzdem erleichtert diese Einteilung und das Wissen über Form, Bestandteile und Eigenschaften der einzelnen Gewebe ungemein den Blick auf den menschlichen Körper und nebenbei auch auf viele Physikumsfragen.

2.1 Epithelgewebe

Epithelgewebe kleiden innere und äußere Körperoberflächen aus. Deswegen bilden sie eine Art engen Fliesenteppich aus relativ dicht an-

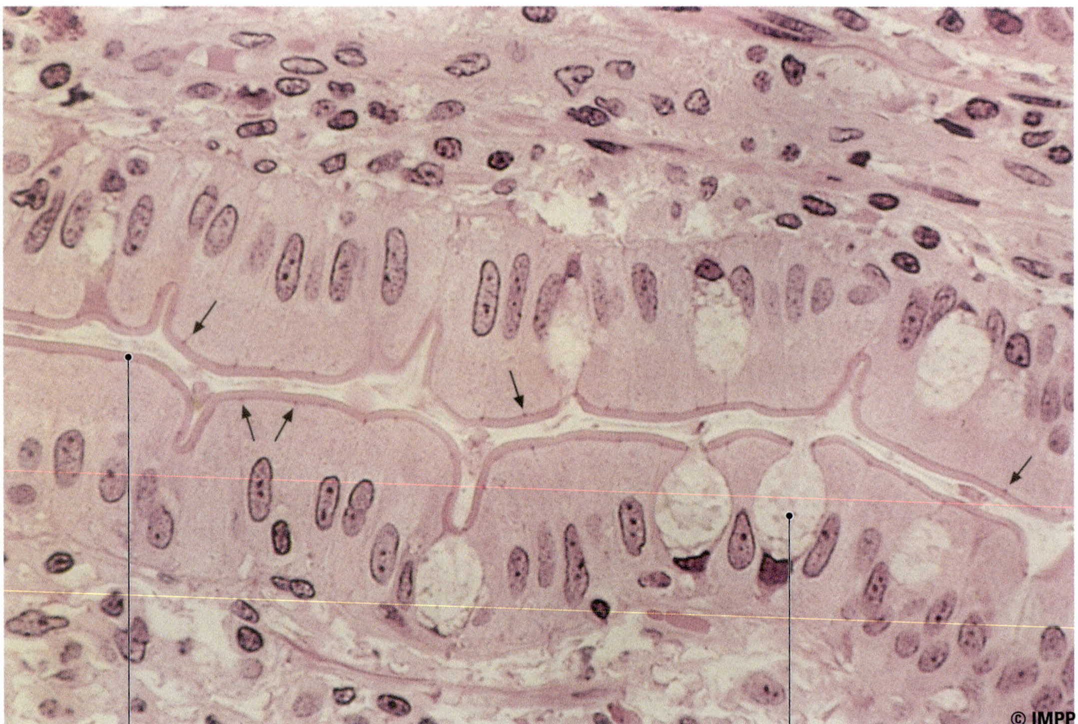

Zwischen den Epithelzellen liegen schleimproduzierende Becherzellen (heller, rundlich).
Cave: Die Pfeile zeigen auf die Schlussleisten (s. 1.2.4 Schlussleisten = Haftkomplexe, S. 8) zwischen den Zellen.

Abb. 6: Bürstensaum aus Mikrovilli auf Duodenalzellen

medi-learn.de/histo1-6

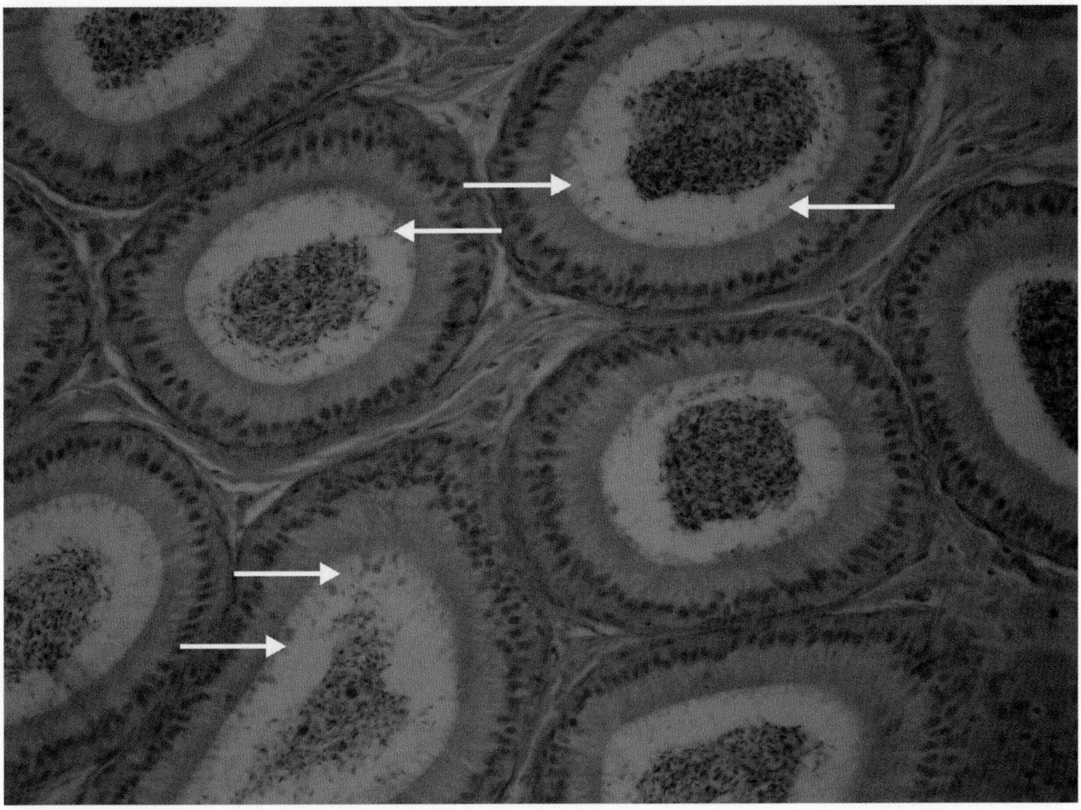

Abb. 7: Stereozilien auf Nebenhodenzellen *medi-learn.de/histo1-7*

einanderliegenden, hochspezialisierten Zellen, die alle an einer darunter liegenden **Basalmembran** befestigt sind. Zwischen den Zellen liegt der Interzellulärraum, der für den Stofftransport von elementarer Bedeutung ist. Zunächst geht es in diesem Abschnitt um den besonderen **Aufbau der Epithelzellen** und anschließend um die Klassifikation der unterschiedlichen **Epithelarten**. Gegen Ende folgt dann noch ein Exkurs zu den Besonderheiten der Basalmembran, eine wahnwitzig dünne, aber auch wahnwitzig wichtige Struktur.

2.1.1 Aufbau des Epithels

Denken wir uns eine Epithelzelle als Fliese auf dem Küchenboden, so sind drei verschiedene Seiten unterscheidbar:

1. Die nach oben zeigende apikale Seite (von lat. apex: Spitze),
2. die zu den anderen Fliesen zeigende laterale Seite und
3. die im Zement befestigte basale Seite.

Die apikale Seite ist mit anderen Proteinen als die basolaterale Seite besetzt, da ja die Schlussleiste am oberen Rand eine undurchlässige Grenze bildet.

Apikale Seite

Die apikale Seite einer Epithelzelle besitzt verschiedene Formen von Ausstülpungen, mit denen die Zelle unterschiedlichste Aufgaben erfüllen kann. Man unterscheidet

1. Mikrovilli,
2. Stereozilien,
3. Kinozilien,

die unterschiedlich aufgebaut sind und auch unterschiedliche Aufgaben erfüllen.

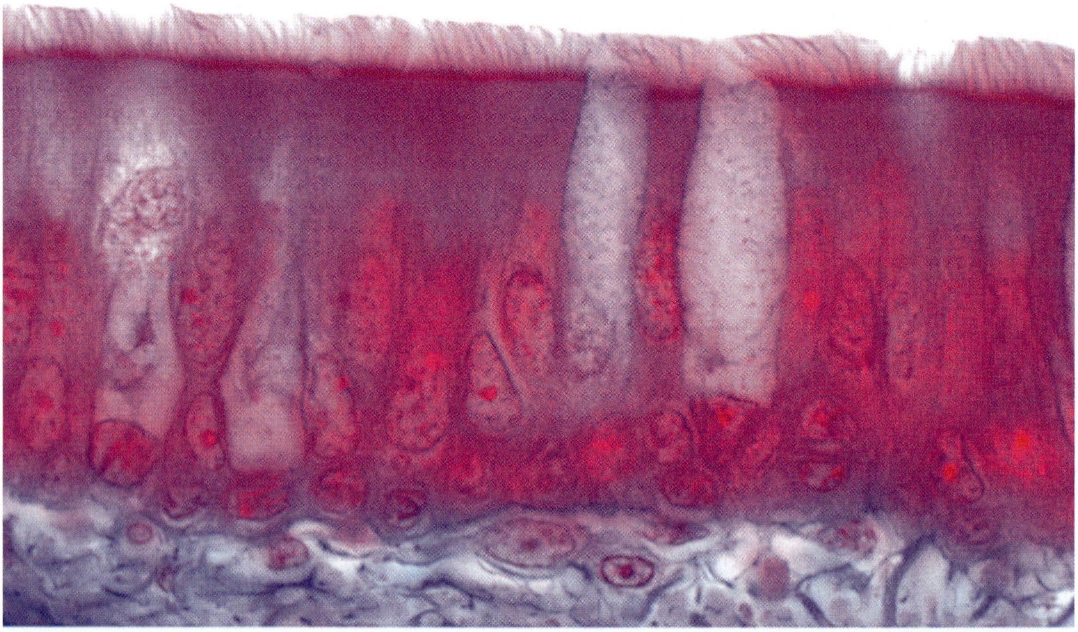

Erläuterung: Hier bitte nur die unregelmäßige Struktur auf den Epithelzellen beachten, die wirklich aussieht wie ein Kornfeld, über das ein Sturm gewütet hat. Die Kinozilien sehen ungleichmäßig lang aus und liegen teilweise verklebt auf dem „Boden".

Abb. 8: Kinozilien in der Trachea *medi-learn.de/histo1-8*

Mikrovilli

Mikrovilli sind 2 µm lange, fingerförmige Ausstülpungen, die vor allem der Oberflächenvergrößerung dienen. Ihre Struktur wird durch Aktinfilamente vorgegeben, die durch **Fimbrin** und **Villin** vernetzt sind und eine leichte Bewegung ermöglichen. Die Filamente sind im **Terminal web** verankert, einem Teil des Zytoskeletts der Zelle direkt unterhalb der Mikrovilli. Rasenförmig auf der gesamten apikalen Seite der Zelle angeordnete Mikrovilli bilden den **Bürstensaum**, eine lichtmikroskopisch erkennbare Struktur, die für resorbierendes Epithel typisch ist. Auf den Mikrovilli liegt ein dicker Filz, die **Glykokalix**.

Stereozilien

„Stereo" hat eine griechische Wurzel, die nicht nur „den Raum ausfüllend", sondern auch „starr, fest" bedeuten kann. Stereozilien sehen nämlich aus wie lange Mikrovilli (4–8 µm lang), sind aber vollkommen unbeweglich. Sie sind nur an wenigen Stellen im Körper zu finden, und zwar im Innenohr und im Nebenhoden. Diese Stereozilien und die gleich folgenden Kinozilien auseinander zu halten, ist nicht so einfach: Beide sind länger als Mikrovilli und bilden keine so geordnete Struktur wie den Bürstensaum. Im Nebenhoden bilden die Stereozilien einen faserigen Teppich (s. Skript Histologie 3), im Innenohr aber glücklicherweise unverwechselbare Strukturen (s. Skript Histologie 2).

Kinozilien

Kinozilien sind 5–10 µm lange Zellausstülpungen, die aus einem Mikrotubuliskelett in 9 · 2 + 2-Struktur aufgebaut und damit unter ATP-Verbrauch beweglich sind. Sie sind über Kinetosome, einer verdichteten Struktur direkt unter den Zilien, im Zytoskelett verankert und kommen in großen Teilen der Atemwege, in der Tuba Uterina sowie im Innenohr vor. Wenn man mikroskopisch auf die Innenseite unserer Trachea schauen könnte, sähe die gemeinsame Bewegung der Kinozilien aus wie ein Kornfeld, über das der Wind streicht. Hier erzeugen aber die Ähren den Wind, d. h. die Kinozilien verschieben den darüber liegenden Schleim zur Ösophagusöffnung hin.
Eine besonders lange Form der Kinozilien sind die Geißeln, die im menschlichen Körper nur bei den Spermien vorkommen.

Laterale Seite

An der lateralen Seite grenzt eine Epithelzelle an die nächste, hier liegen also die **Zell-Zell-Kontakte**, wie Tight Junctions, Desmosomen und Gap Junctions, die schon besprochen wurden (s. S. 6 und S. 7).

Basale Seite

Hier ist die Zellmembran mit **Hemidesmosomen** und weiteren Verbindungsproteinen an der Basalmembran befestigt. Häufig ist die basale Zellseite zur Oberflächenvergrößerung eingefaltet. Wenn dann in den Falten Mitochondrien länglich angeordnet sind, bildet sich die **basale Streifung**, die lichtmikroskopisch erkennbar ist.

Diese große Oberlieblingszellskizze der Physika kennt wahrscheinlich schon jeder. Du siehst

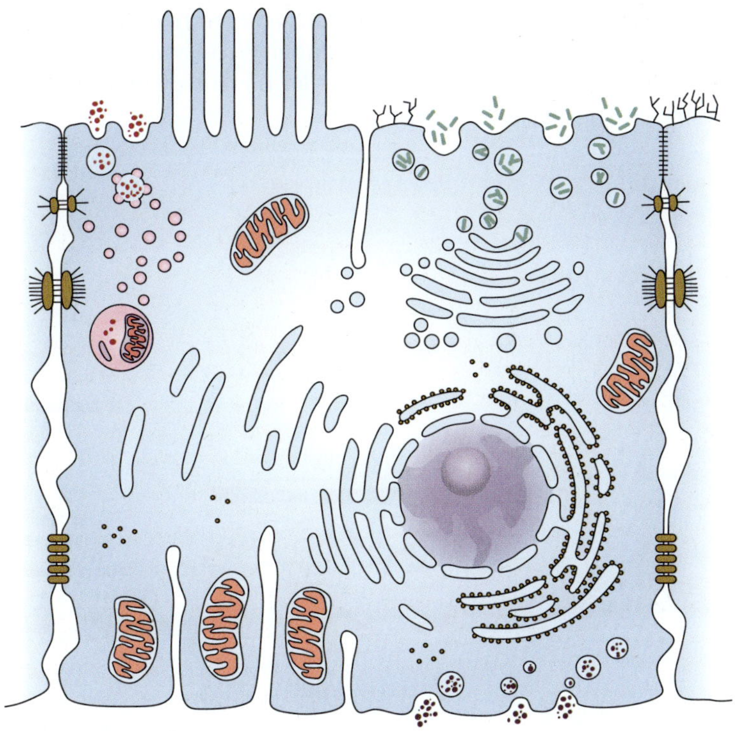

Abb. 9: Oberlieblingszellskizze

medi-learn.de/histo1-9

darauf eine Epithelzelle mit ihrer apikalen/luminalen (oben), basalen (unten) und lateralen (links + rechts) Seite. Rechts unten ist der Zellkern mit dem Nukleolus und ihn kreisförmig umgebendes raues endoplasmatisches Retikulum erkennbar. In den basalen Einfaltungen unten links liegen Mitochondrien. Über ihnen sind die Gänge des glatten endoplasmatischen Retikulums sichtbar. An seiner charakteristischen U-Form ist ein Golgi-Apparat über dem Zellkern zu erkennen. Links im luminalen Zellteil ist schematisch die Endozytose dargestellt, aufgenommene Proteine verschmelzen mit einem Primärlysosom, wo sie abgebaut werden. Rechts ist die Exozytose mit Sekretvesikeln zu sehen. An der lateralen Seite sind eine Tight Junction, darunter eine Zonula adhaerens und ein Desmosom dargestellt. Weiter unten ist eine Gap Junction zu finden. Oben sind noch Zellausläufer, wahrscheinlich Mikrovilli, überdimensional groß dargestellt.

2.1.2 Basalmembran

Die Basalmembran ist Teil der extrazellulären Matrix (des „Zements"), in der z. B. die Epithelzellen verankert sind. Sie besitzt außerdem eine wesentliche Filterfunktion bei der Herstellung von Primärharn im Nierenglomerulus. Weiterhin bildet sie die wichtigste Barriere gegen Zellinvasionen (z. B. bei Krebs) und kann Zellen auch ganz umschließen, wie z. B. Muskel- und Fettzellen. Was du fürs Physikum wissen solltest, sind ihr Aufbau und ihre Funktion.

Die Basalmembran besteht aus vier Schichten (s. Abb. 10):

1. Lamina rara externa,
2. Lamina densa (Basallamina),
3. Lamina rara interna,
4. Lamina fibroreticularis.

Die beiden Laminae rarae sind sehr dünne Strukturen um die Lamina densa oder **Basallamina** herum, eine im Elektronenmikroskop sehr dicht erscheinende Schicht aus Kollagen Typ IV (bitte unbedingt merken!), Glykoproteinen und Proteoglykanen.

Es folgt die dickere, lockere Lamina fibroreticularis mit vielen Kollagen Typ III-Fasern, die zu den retikulären Fasern gehören. Unter dieser Schicht fängt dann die Lamina propria mit Kollagen Typ I-Fasern an, die aber NICHT mehr Teil der Basalmembran ist.

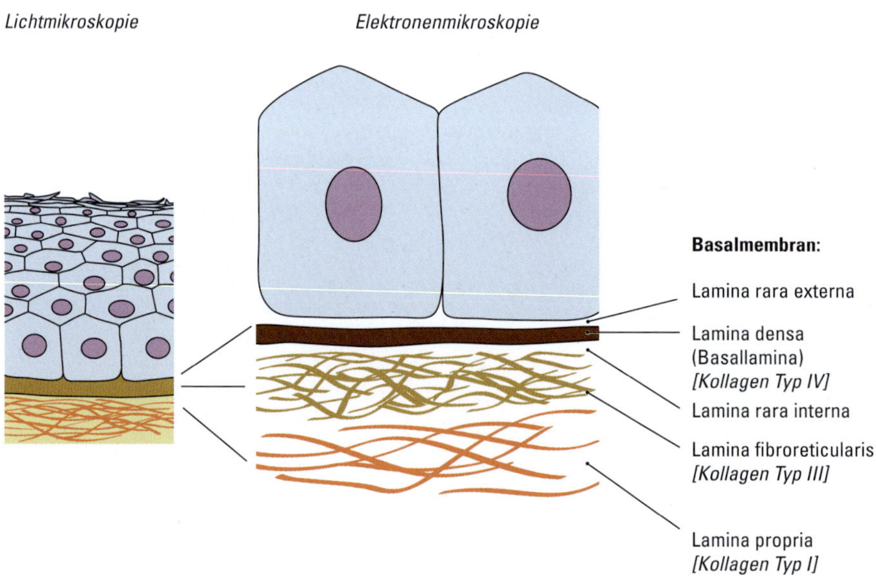

Abb. 10: Basalmembran

medi-learn.de/histo1-10

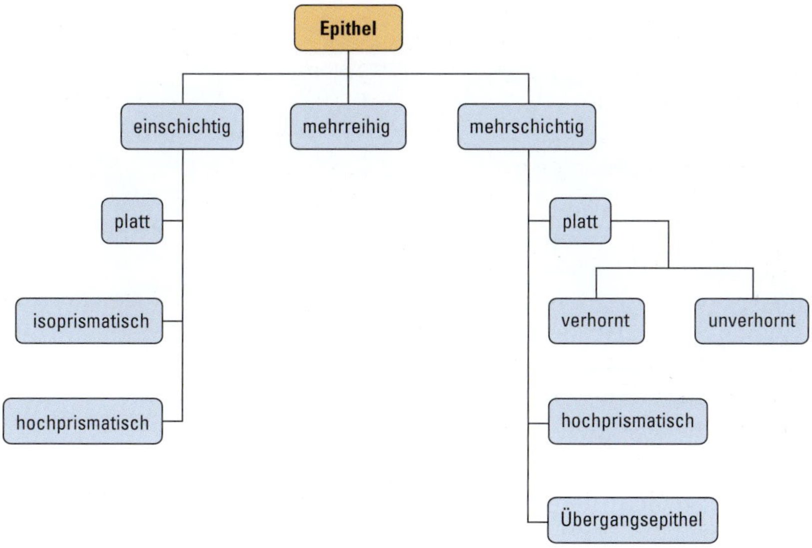

Abb. 11: Epithelklassifikation *medi-learn.de/histo1-11*

Auch in diesem Abschnitt geht es einmal mehr um stumpfes Vokabeln lernen: Die physikumsrelevanten Glykoproteine, die für die Zellhaftung sorgen, heißen **Laminin** (das an die **Integrine** in der Zellwand bindet) und **Fibronektin**; das wichtigste Proteoglykan, das für die Filtereigenschaften der Basalmembran verantwortlich ist, heißt **Perlecan**.

2.1.3 Klassifikation des Epithels

Jeder ist genervt von der Klassifikation des Epithels: Studenten, Professoren, selbst Busfahrer habe ich schon darüber schimpfen gehört. Das Erlernen ist auch wirklich ein bisschen mühselig, aber so wichtig wie ein Stadtführer für Touristen in Tokio: Ohne ihn versteht man alles falsch. Wie bei fast allem hilft auch hier die Systematik weiter.

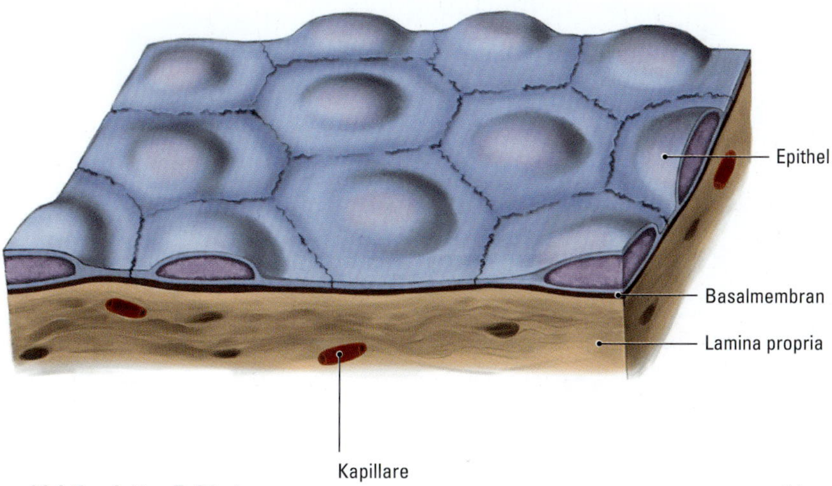

Abb. 12: Einschichtig plattes Epithel *medi-learn.de/histo1-12*

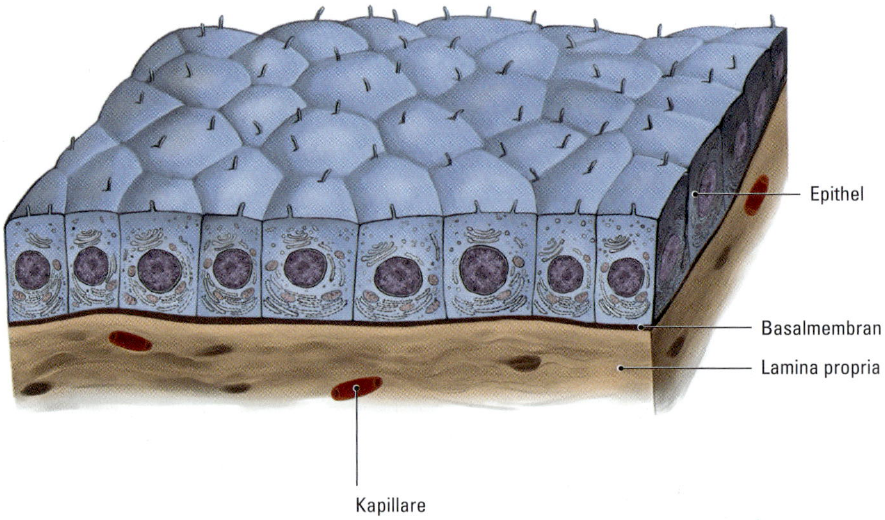

Abb. 13: Einschichtig isoprismatisches Epithel *medi-learn.de/histo1-13*

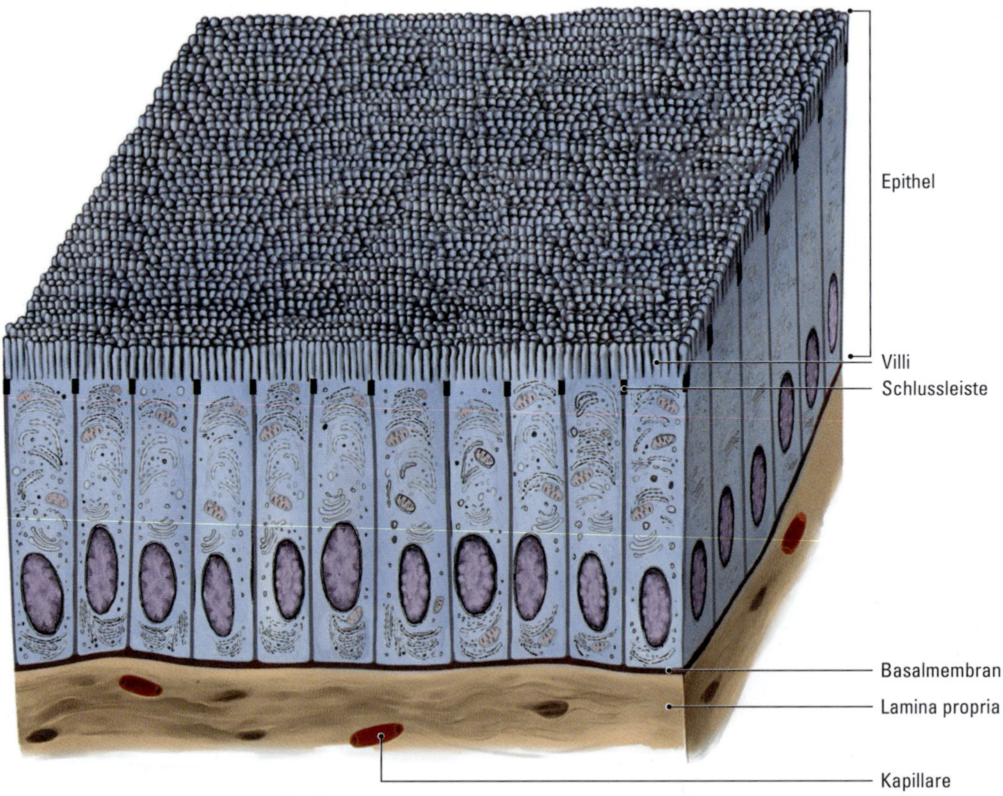

Abb. 14: Einschichtiges hochprismatisches Epithel (vgl. Abb. 6, S. 12) *medi-learn.de/histo1-14*

Einschichtiges Epithel

Einschichtiges Epithel erfüllt eine Menge an unterschiedlichen Aufgaben und hat dementsprechend auch viele unterschiedliche Formen.

Einschichtig plattes Epithel. Einschichtig plattes Epithel bildet das Alveolarepithel, kleidet Blutgefäße aus (Endothel) oder bildet eine dünne Gleitschicht zur Auskleidung von Hohlräumen (Mesothel). Es liegt also dort vor, wo kurze Diffusionsstrecken notwendig sind oder wo Eingeweide aneinander reiben.

Einschichtig isoprismatisches (kubisches) Epithel. Einschichtig kubisches, also würfelförmiges Epithel gibt es nur an wenigen Stellen im Körper, so z. B. auf der Ovaroberfläche und in den Drüsenausführungsgängen. Seine Funktion sind die Bedeckung und Sekretion.

Einschichtig hochprismatisches Epithel. Einschichtig hochprismatisches Epithel wird häufig auch als palisadenförmig bezeichnet, weil es im Anschnitt aussieht wie eine Mauer, die aus vielen nebeneinander gestellten Baumstämmen besteht. Es ist auf der Lumenseite häufig mit Zellausstülpungen zur Oberflächenvergrößerung besetzt und kommt dort vor, wo aktive Transportvorgänge zwischen Lumen und Interstitium (Extrazellulärraum des darunterliegenden Bindegewebes) stattfinden, so z. B. im Verdauungstrakt oder in der Gallenblase.

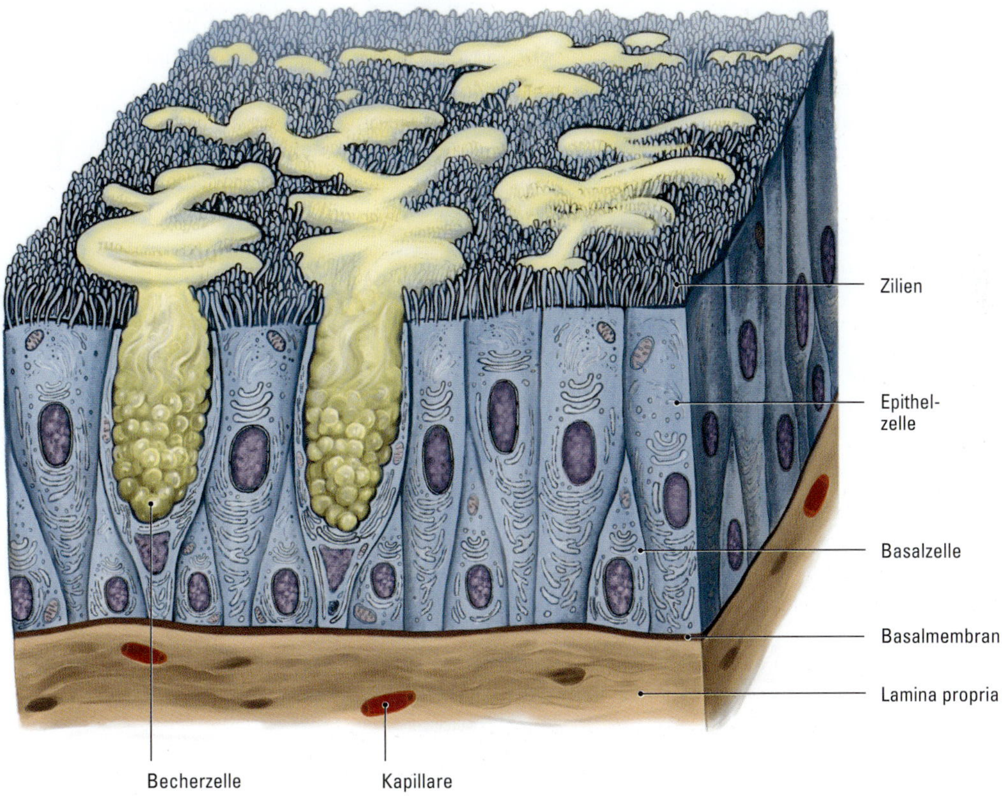

Abb. 15: Mehrreihiges Epithel

medi-learn.de/histo1-15

Mehrreihiges Epithel

Dieser Begriff ist ein bisschen „tricky": Die Epithelien, deren **Zellen alle Kontakt zur Basalmembran haben, aber nicht alle zur Lumenoberfläche**, heißen mehrreihiges Epithel. Es ähnelt also einschichtig hochprismatischem Epithel, ist aber mit Basalzellen durchsetzt. Dabei handelt es sich um Ersatzzellen, die erst noch an die Oberfläche wachsen müssen. Dadurch liegen die Zellkerne dieses Epithels in unterschiedlichen Ebenen, was ein sehr unregelmäßiges Bild erzeugt. Mehrreihiges Epithel liegt im Respirationstrakt vor und ist dort für Schleimsekretion und -transport sowie Schutz und Befeuchtung der Luft zuständig (s. Abb. 15, S. 19).

Mehrschichtiges Epithel

Mehrschichtiges Epithel bildet – wie der Name vermuten lässt – mehrere Zellschichten. Von denen haben manche entweder mit der Basalmembran oder der Lumenoberfläche, manche auch nur mit darüber- oder darunterliegenden Zellen Kontakt. Keine Zelle reicht jedoch direkt von der Basalmembran bis zur Oberfläche. **Nach der Form der obersten Zellschicht** unterscheidet man mehrschichtig plattes und mehrschichtig hochprismatisches Epithel. Mehrschichtig plattes Epithel wird noch weiter in verhorntes und unverhorntes Epithel unterteilt.

Mehrschichtig plattes verhorntes Epithel. Verhornt heißt, dass über der letzten Zellschicht noch eine dicke Schicht aus abgestorbenen Zellen liegt. Nach Fixation ist sie meistens von der Zellschicht darunter als Artefakt gelöst. Mehrschichtig plattes verhorntes Epithel bestimmt unser Aussehen mehr als alle anderen Epithelarten, da es die Epidermis der Haut bildet. Dementsprechend wird es auch dort noch einmal ausführlich besprochen (s. Skript Histologie 2).

Mehrschichtig plattes unverhorntes Epithel kleidet innere Körperoberflächen aus, die vor Reibungen oder Verdunstung

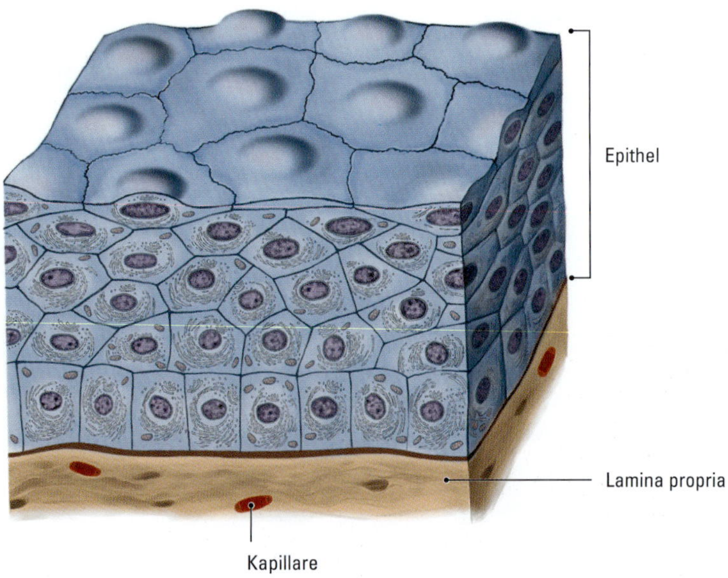

Abb. 16: Mehrschichtig plattes unverhorntes Epithel

medi-learn.de/histo1-16

geschützt, also ständig feucht gehalten werden müssen: Mund, Ösophagus, Analkanal und Vagina. Es endet auf seiner Lumenseite im Gegensatz zum verhornten Epithel mit einer Zellschicht, in der noch Zellkerne zu erkennen sind (s. Abb. 16).

Übrigens ...
Mehrschichtig hochprismatisches Epithel kommt im menschlichen Körper so selten vor (z. B. in der Fornix conjunctivae), dass selbst die Physikumsmacher es vergessen zu haben scheinen.

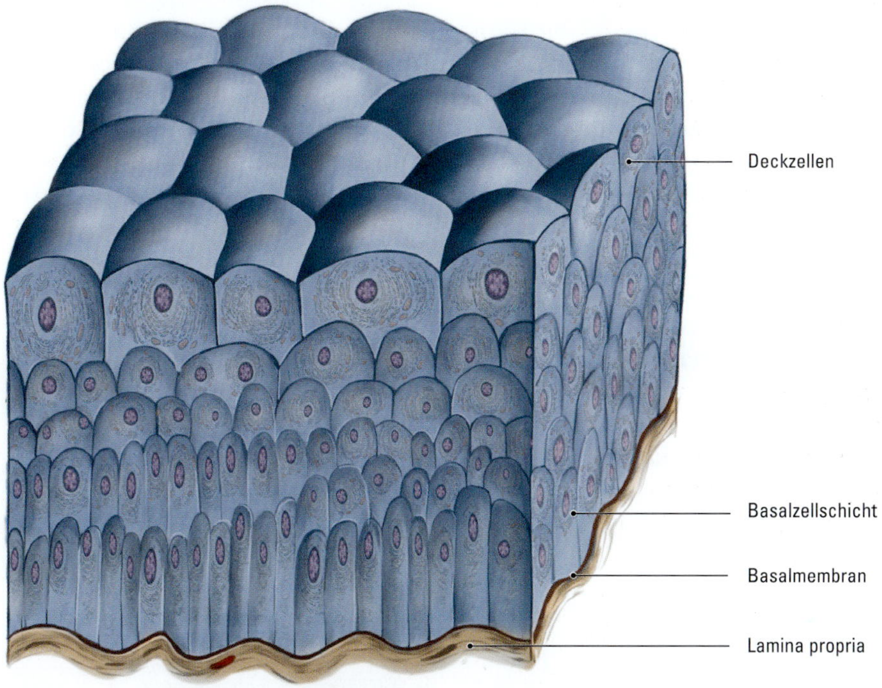

Abb. 17 a: Übergangsepithel im entspannten Zustand *medi-learn.de/histo1-17a*

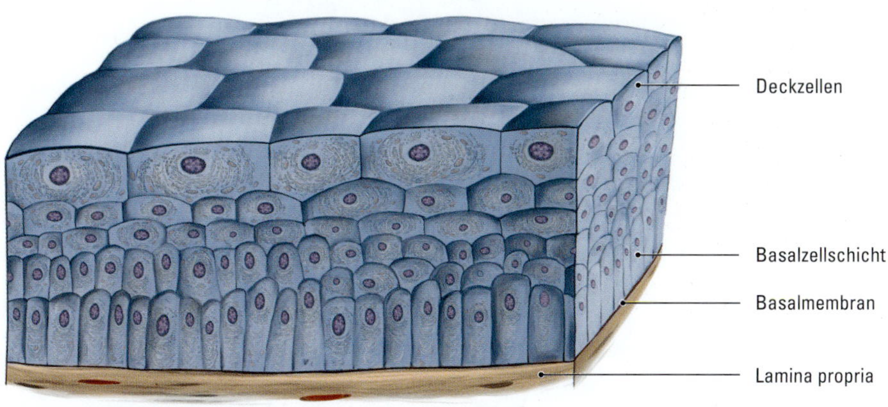

Abb. 17 b: Übergangsepithel im gedehnten Zustand *medi-learn.de/histo1-17b*

Übergangsepithel

Ob Übergangsepithel eher mehrschichtig oder mehrreihig ist, darüber lassen wir die Experten streiten (wahrscheinlich ist es mehrschichtig). Wichtig für dich ist, dass es in zwei Zustandsformen vorkommen kann: in einem gedehnten und einem entspannten Zustand. Es ist Bestandteil der ableitenden Harnwege, also des Nierenbeckens, Urethers, der Harnblase und des oberen Teils der Harnröhre, wo eine gewisse Dehnbarkeit für jeden Barbesuch unablässige Vorraussetzung ist. Diese Dehnbarkeit wird durch eine Deckschicht an Zellen erreicht, deren Plasmalemm im entspannten Zustand stark gefaltet ist (s. Abb. 17 a, S. 21). Außerdem sind in darunterliegenden diskusförmigen Vesikeln Uroplakine (integrale Membranproteine) gespeichert, die bei Dehnung in die Zellmembran eingebaut werden können (s. Abb. 17 b, S. 21). Vor dem Harn sind die Zellen durch eine dichte Glykokalix, die Uroplakine und wirksame Tight Junctions geschützt.

2.1.4 Drüsen

Drüsen sind Zellen oder Zellkomplexe, die die Eigenschaft haben, Sekrete zu bilden und abzugeben, also zu sezernieren. Die allermeisten Drüsen sind spezialisierte Epithelzellen und gehören somit zum Epithelgewebe. Prüfungsrelevant ist vor allem ihre Klassifikation, deren Wissen in der mündlichen Prüfung vorausgesetzt wird, mit dem man aber trotzdem immer wieder Eindruck schinden kann. Im Physikum hilft die Systematik beim Erkennen und Erlernen der Drüsen. So lässt sich eine Drüse meist schon mit wenigen Worten histologisch eindeutig beschreiben, z. B. die Glandula submandibularis als exokrine Drüse, die merokrin ein seromuköses Sekret absondert und eine verzweigt tubulo-azinöse Form besitzt. Alles klar?!

Man kann Drüsen einteilen nach der

- Art der Sekretion,
- Art der Sekretabgabe,
- Art der Sekrete,
- der Form.

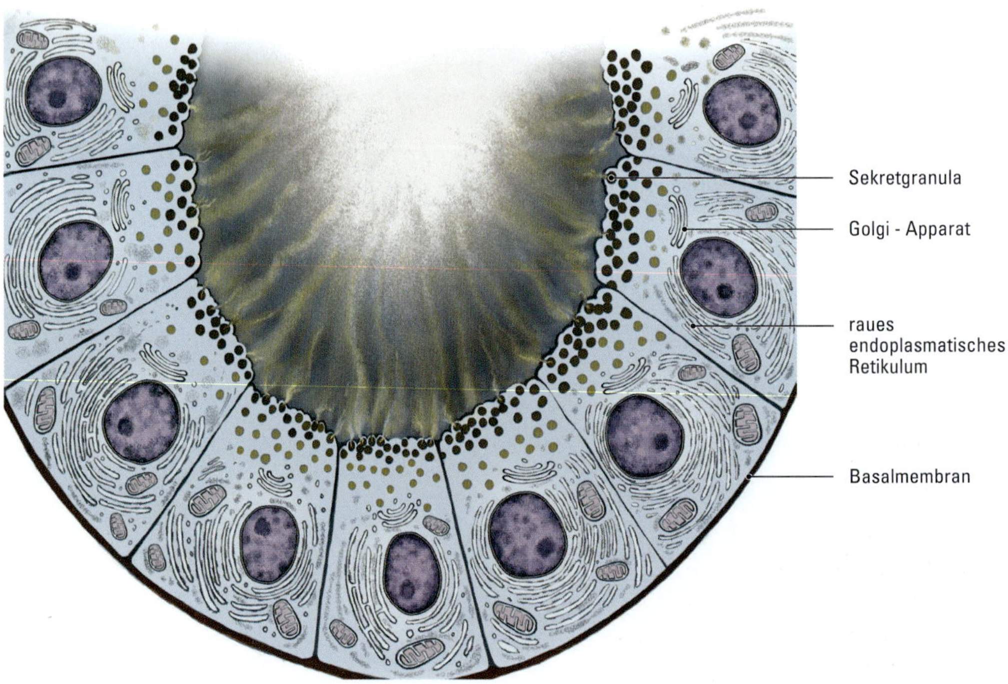

Abb. 18: Merokrine Zellen

medi-learn.de/histo1-18

Art der Sekretion

Die meisten Drüsen entstehen aus Einstülpungen des Epithels und einer Umdifferenzierung zu sezernierenden Zellen. Bleibt eine Verbindung zur Oberfläche bestehen, sondert die Drüse also nach „außen" (an innere oder äußere Körperoberflächen) ab, spricht man von **exokriner** Sekretion. Zu den exokrinen Drüsen zählen z. B. die Speicheldrüsen und die Schweißdrüsen. Drüsen ohne Ausführungsgang, die in sie umgebende Blut- oder Lymphbahnen sezernieren, besitzen eine **endokrine** Sekretion. Die Sekrete endokriner Drüsen erreichen ihre Zielorgane auf humoralem Weg und werden deshalb als Hormone bezeichnet. Zu den endokrinen Drüsen zählen die Schilddrüse und die Nebenniere. Diffundieren die abgegebenen Sekrete durch den Interzellulärraum, spricht man von **parakriner** Sekretion, wie das z. B. bei den enteroendokrinen Drüsen des Magen-Darm-Trakts der Fall ist (die häufig sowohl endokrin als auch parakrin sezernieren, deswegen der Name).

Art der Sekretabgabe

Die meisten Drüsen sammeln ihr Sekret intrazellulär in Sekretvesikeln. Die Natur hat sich aber einiges einfallen lassen, um deren Inhalt an die Zielstellen zu bringen:
Drüsen mit hoher Sekretionsleistung (mit „mehro" Sekret) stülpen einfach ihre Sekretgranula an der Oberfläche aus und heißen deswegen **merokrin**. Die meisten exokrinen (wie z. B. die Schweißdrüsen der Haut) und alle endokrinen Drüsen sezernieren merokrin (s. Abb. 18).

Übrigens ...
Seit 1980 ist der Begriff „ekkrin" als Synonym für merokrin im Prinzip hinfällig. Im Physikum taucht er jedoch immer noch regelmäßig auf.

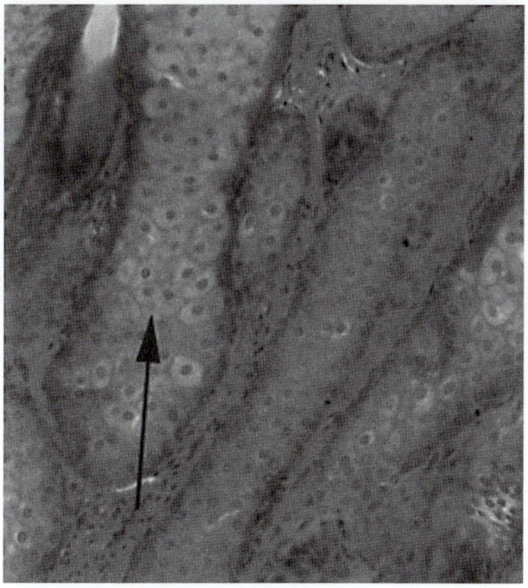

Abb. 19 a: Holokrine Drüsen

medi-learn.de/histo1-19a

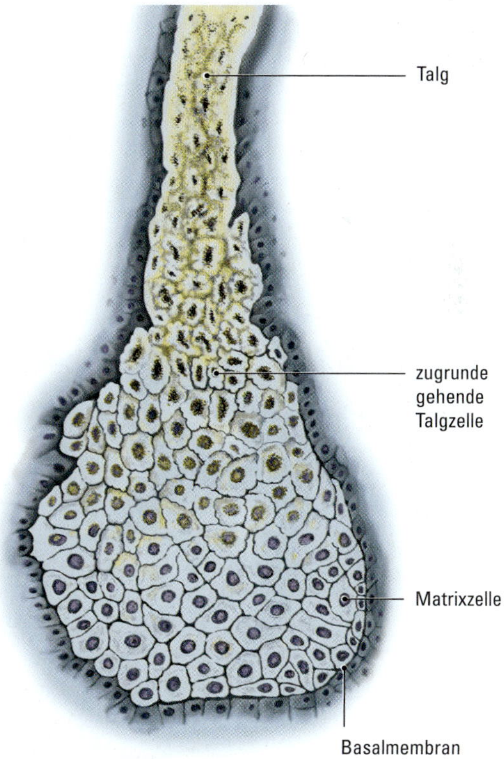

Abb. 19 b: Holokrine Drüse *medi-learn.de/histo1-19b*

Aufopferungsvolle Zellen sind die **apokrinen** Zellen, die ihre gesamte Zellspitze (lat. apex) abstoßen, in der sich die Sekretvesikel befinden (s. Abb. 19 c). Dadurch wird das abgegebene Sekret besonders nährstoffreich und milchig (bei den Milchdrüsen), halbfest und fettig (bei den Ohrschmalzdrüsen) oder gar mehr oder weniger gut duftend (bei den Duftdrüsen der Haut). Die Lemminge unter den Drüsenzellen sind aber die **holokrinen** Drüsen (s. Abb. 19 a und 19 b, S. 23), deren Zellen immer mehr Sekret in sich ansammeln, bis sie komplett damit ausgefüllt sind und zugrunde gehen (schon ein bisschen „hohl", oder?). In holokrinen Drüsen werden daher ständig neue Drüsenzellen gebildet, die die absterbenden Zellen zur Oberfläche drücken. Zu diesem Drüsentyp zählen die Talgdrüsen der Haut.

Art der Sekrete

Merokrine Drüsen kann man je nach Art der gebildeten Sekrete in seröse, muköse oder gemischte Drüsen einteilen. Jede einzelne Drüsenzelle jedoch sezerniert entweder serös oder mukös.

Als **serös** bezeichnet man ein Sekret, dass dünnflüssig und reich an Enzymen ist. In serösen Drüsen liegt ein runder Zellkern im basalen Drittel der Zelle, das ihn umgebende Zytoplasma zeigt eine kräftige Basophilie. Im apikalen Teil der Zelle liegen deutlich sichtbare Sekretgranula. Rein seröse Drüsen sind die Parotis, das Pankreas und die Tränendrüse.

Merke!

„Papageientränen sind serös" für die serösen Drüsen: Parotis, Pankreas und Tränendrüse.

Muköse Drüsen sondern einen zähflüssigen, enzymarmen Schleim ab. Der Zellkern erscheint auf der basale Seite plattgedrückt von großen, hellen Sekretgranula, die der Zelle ein helles, wabiges Aussehen geben. Dies führt leicht zu Verwechslungen mit Fettzellen. Rein muköse Drüsen sind sehr selten. Ein Beispiel dafür sind die hinteren Zungendrüsen.
In **gemischten** Drüsen wird das Sekret sowohl von serösen als auch mukösen Zellen hergestellt. Hier liegen also seröse Drüsenend-

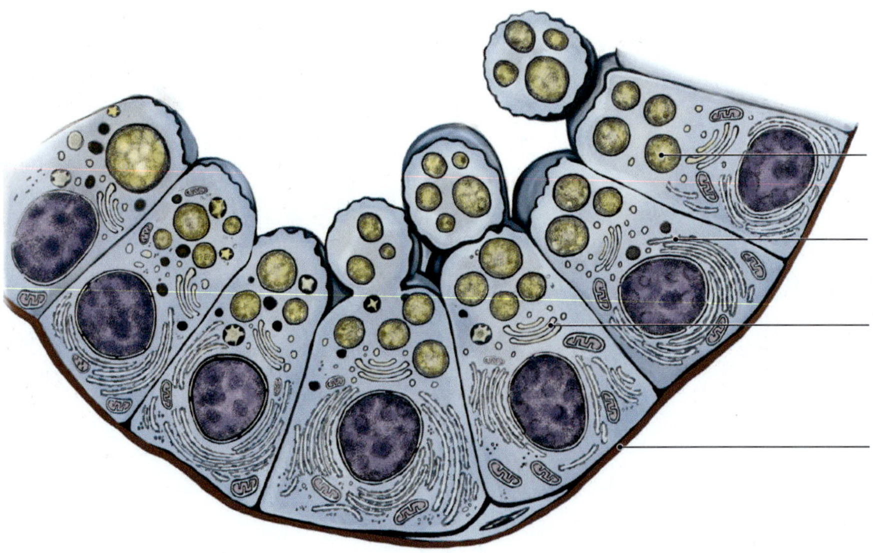

Abb. 19 c: Apokrine Zellen

medi-learn.de/histo1-19c

stücke neben mukösen. Sitzen die serösen Drüsenzellen kappenförmig um muköse Endstücke, nennt man sie **von Ebner-Halbmonde**. Nach vorherrschender Sekretart bezeichnet man gemischte Drüsen als seromukös (mehr seröse Anteile) oder mukoserös (mehr muköse Anteile). Diese Unterscheidung hilft z. B. bei der Differenzialdiagnose zwischen Glandula **s**ub**m**andibularis (**s**ero**m**ukös) und Glandula sublingualis (mukoserös).

Form

Wer noch immer nicht genug hat von der Klassifizierung der Drüsen, kann diese auch noch in **einfach** (mit einem unverzweigten Ausführungsgang) oder **zusammengesetzt** (mit verzweigten Ausführungsgängen) oder in **tubulös** (mit einem schlauchförmigen Endstück), **alveolär** (rund, großes Drüsenlumen) oder **azinär** (rund, kleines Drüsenlumen; von lat. azinus: Weinbeere) einteilen.

2

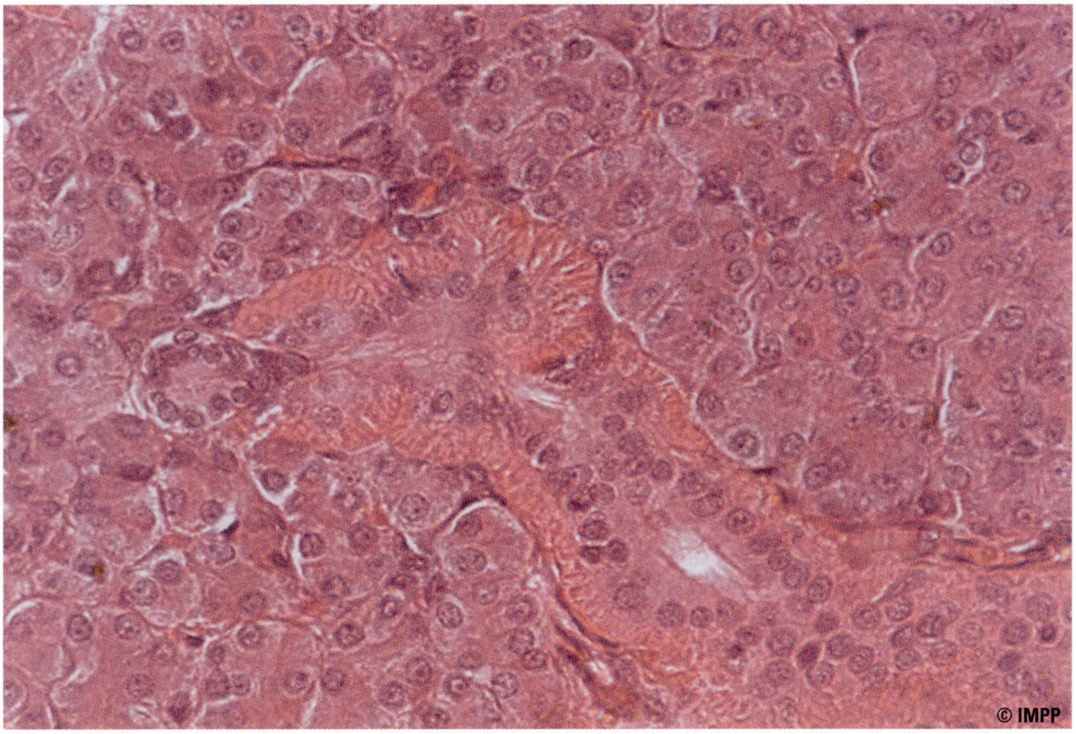

Rein seröse Drüse (runde Zellkerne im basalen Drittel). Bitte beachten: Von der Bildmitte schlängelt sich ein Ausführungsgang nach rechts unten. Dort kann man eine basale Streifung erkennen, hervorgerufen durch aneinandergereihte Mitochondrien (s. a. Abb. 9, S. 15).

Abb. 20: Rein seröse Drüse

medi-learn.de/histo1-20

DAS BRINGT PUNKTE

Die **Klassifikation der Epithelien** und Drüsen wird selten direkt gefragt, hilft aber beim Bildererkennen, da in fast jedem Bild irgendein Epithel zu sehen ist. Deswegen unbedingt merken, wo welches Epithel vorherrscht und natürlich, wie man es erkennt.
Außerdem solltest du wissen, dass
- Mikrovilli als besondere Proteine Fimbrin und Villin besitzen,
- Kinozilien ein Mikrotubuliskelett mit einer 9 · 2 + 2-Struktur haben und
- mehrreihiges Epithel Ersatzzellen besitzt, die man Basalzellen nennt und die nicht an die Lumenoberfläche reichen.

Weiterhin solltest du fürs Schriftliche unbedingt den Aufbau der **Basalmembran** drauf haben und wissen, dass in der Basallamina das Kollagen Typ IV vorkommt.

FÜRS MÜNDLICHE

Nach den einzelnen Zellen geht es mit den Geweben weiter. Überprüfe dein Wissen anhand der folgenden Prüfungsfragen:

1. **Erklären Sie bitte die Unterschiede in Aufbau und Funktion von einschichtigem, mehrreihigem und mehrschichtigem Epithel.**
2. **Bitte erläutern Sie, was Übergangsepithel auszeichnet und wo es vorkommt.**
3. **Erklären Sie bitte, wie sich Epithelzellen auf hohe Resorptions- und Sekretionsleistungen spezialisieren können.**
4. **Bitte erläutern Sie, wie sich endo-, exo- und parakrine Drüsen unterscheiden.**
5. **Welche Drüsentypen kennen Sie an/in der Haut?**
6. **Bitte nennen Sie die Aufgaben der Basalmembran.**

---

1. Erklären Sie bitte die Unterschiede in Aufbau und Funktion von einschichtigem, mehrreihigem und mehrschichtigem Epithel.
- Einschichtiges Epithel:
  Eine Zelllage mit Zellkernen in einer Ebene. Funktion: erleichterte Diffusion (platt), Bedeckung (kubisch), hochspezialisiert auf Resorptions- oder Sekretionsaufgaben (hochprismatisch).
- Mehrreihiges Epithel:
  Zellkerne in verschiedenen Ebenen, nicht alle Zellen erreichen die Lumenoberfläche. Funktion: Epithel für Schleimsekretion und -transport.
- Mehrschichtiges Epithel:
  Zellkerne in verschiedenen Ebenen, keine Zelle reicht von der Basalmembran bis zum Lumen; Schutz vor Reibung und Verdunstung.

FÜRS MÜNDLICHE

2. Bitte erläutern Sie, was Übergangsepithel auszeichnet und wo es vorkommt.
- starke Dehnfähigkeit der Deckzellen, dichte Glykokalix + Tight Junctions
- kommt in harnleitenden Abschnitten vor

3. Erklären Sie bitte, wie sich Epithelzellen auf hohe Resorptions- und Sekretionsleistungen spezialisieren können.
- Durch Oberflächenvergrößerung:
  - Mikrovilli (apikal),
  - basale Membraninvaginationen.
- Durch viele Mitochondrien, viel rER (Sekretion), Schlussleisten (um unkontrollierten parazellulären Transport zu vermeiden).

4. Bitte erläutern Sie, wie sich endo-, exo- und parakrine Drüsen unterscheiden.
- Exokrine Drüsen haben einen Ausführungsgang an eine innere oder äußere Oberfläche,
- endokrine Drüsen sezernieren in Blut- oder Lymphbahn und
- parakrine Drüsen in den Extrazellulärraum.

5. Welche Drüsentypen kennen Sie an/in der Haut?
- Merokrine Schweißdrüsen,
- apokrine Duftdrüsen und
- holokrine Talgdrüsen.

6. Bitte nennen Sie die Aufgaben der Basalmembran.

Die Basalmembran bildet eine
- Permeabilitätsgrenze,
- Haftstruktur und
- Zellinvasionsgrenze.

Pause

Päuschen gefällig?
Nach dem ganzen Stoff hast du dir jetzt eine lange Pause verdient!

Mehr Cartoons unter www.medi-learn.de/cartoons

2

2.2 Bindegewebe

Das Bindegewebe zählt zu den am meisten unterschätzten Geweben im menschlichen Körper. Dieser Abschnitt kümmert sich daher um seine Rettung und Rehabilitation.
Ohne Bindegewebe sähen wir – im wahrsten Sinne des Wortes – ganz schön alt aus. Es ist ein vielfältiges und auf den zweiten Blick auch ganz schön aufregendes Gewebe. Das Bindegewebe sorgt für wesentliche Gestaltunterschiede zwischen Mann und Frau, für die Form von Organen, es hilft beim Stoffaustausch, bei der Speicherung von Fett und ist ganz nebenbei ein wesentlicher Ort der Immunabwehr. In diesem Abschnitt wird es um seinen Aufbau, seine Bestandteile und sein Aussehen gehen. Da es ubiquitär im Körper vorkommt, kannst du mit dem folgenden Wissen in den meisten mündlichen Prüfungen Punkte sammeln. Außerdem gehören Fragen nach den Fasertypen zur Routine in fast jedem schriftlichen Physikum.

Übrigens ...
Wir waren ganz am Anfang unseres Lebens fast nur Bindegewebe, nämlich mesenchymales, also embryonales Bindegewebe. Als solches verdichteten wir uns zu Blastemen (undifferenziertem Keimgewebe), aus denen sich dann unsere Organe entwickelten.

2.2.1 Zelluläre Bestandteile

Wesentlich an der Definition von Bindegewebe ist eine große Menge an Interzellulärsubstanz. Wir werden uns trotzdem erst den zellulären Bestandteilen zuwenden, da diese die Interzellulärsubstanz produzieren und „mit Leben füllen". Man unterscheidet **ortsständige** von **beweglichen** Bindegewebszellen. Die ortsständigen Zellen produzieren und unterhalten die Interzellulärsubstanz und heißen **Fibroblasten** und **Fibrozyten**. Wie überall im Körper sind Blasten die jungen, aufstrebenden Zellen, die Substanz bilden (hier v. a. das Tropokollagen, s. Kollagene Fasern, S. 29), wogegen mit Zyten (Merkhilfe: Z steht am Ende des Alphabets) die älteren, ruhenden Zellen bezeichnet werden, die nicht mehr synthetisch aktiv sind.

Übrigens ...
Fibroblasten stellen auch die Kollagenase her, ein lysosomales Enzym, das Kollagen abbaut. Praktische Bedeutung hat dies beim Follikelsprung und bei der Involution des Uterus in der Postmenopause.

Charakteristisch für die beweglichen Bindegewebszellen ist ihre zumindest zeitweise vorhandene Fähigkeit, sich zu bewegen. Zu ihnen zählen z. B. die Mastzellen, Leukozyten, Plasmazellen und die Histiozyten (Makrophagen im Bindegewebe). Hier folgt ein kurzer Exkurs über Mastzellen, weil uns Mastzellen nicht nur bei allergischen Reaktionen, sondern auch im Physikum ganz schön auf die Nerven gehen können:

Mastzellen werden häufig als „Basophile des Gewebes" bezeichnet, sind aber nicht mit den basophilen Zellen im Blut identisch. Beide besitzen aber – wie sollte es anders sein – kräftig anfärbbare basophile Granula.
Mastzellen besitzen auf der Membran Fc-Rezeptoren für das von den Plasmazellen hergestellte IgE. Bindet nun ein passendes Antigen an ein schon an den Fc-Rezeptor gebundenes IgE, wird die Mastzelle aktiviert und stößt ihre Granula aus (Degranulation). Diese sind mit Histamin, Heparin, Leukotrienen und Bradykinin, also mit Entzündungsmediatoren, gefüllt. Sind viele Mastzellen besonders sensibel und reagieren auch auf nicht pathologische Reize (setzen übermäßig viele Granula frei), kommt es zur allergischen Sofortreaktion und im schlimmsten Fall zum allergischen Schock. Man kann sich also Mastzellen als kleine Alarmanlagen vorstellen, die manchmal so laut klingeln, dass das ganze Haus am Wackeln ist. Für die

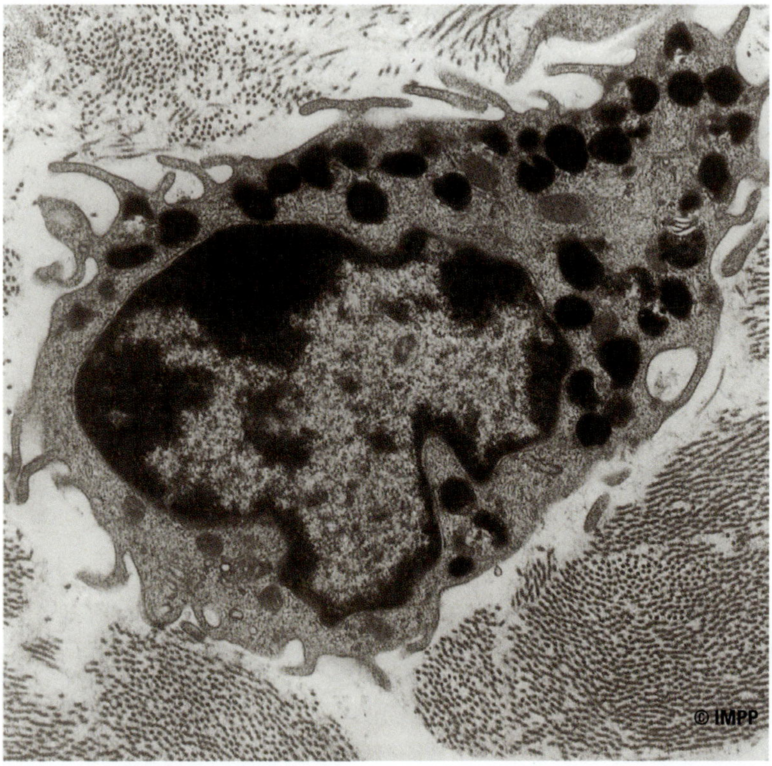

Bitte beachte die unregelmäßige Zellform und die vielen, im EM-Bild fast schwarzen Granula.

Abb. 21: Mastzelle in der Lamina propria der Trachea

medi-learn.de/histo1-21

Spezialisten unter euch: Einige Granula der Mastzellen sind außerdem metachromatisch, was bedeutet, dass sie die Farbe einiger Farbstoffe, mit denen sie angefärbt werden, ändern.

2.2.2 Interzellulärsubstanz

Bei der Interzellulärsubstanz des Bindegewebes muss man die **amorphe Grundsubstanz aus Proteoglykanen**, die für eine **hohe Wasserbindungsfähigkeit** verantwortlich sind, und die **Glykoproteine** kennen, die **strukturgebend** wirken. Ein weiterer Bestandteil der Interzellulärsubstanz des Bindegewebes sind die **Fasern,** die so wichtig sind, dass ihnen hier eigene Abschnitte gewidmet werden.
Man unterscheidet drei Faserarten:
1. Die kollagenen Fasern,
2. die retikulären Fasern,
3. die elastischen Fasern.

Kollagene Fasern

Kollagene Fasern bestehen aus drei helikal umeinander gewundenen Polypeptidketten, dem Tropokollagen, das seitlich und vor allem längs aneinandergelegt Kollagenfibrillen bildet. Bündel von Kollagenfibrillen ergeben dann kollagene Fasern. Durch die regelmäßige Anordnung des Tropokollagens ist im Elektronenmikroskop eine periodische Hell-Dunkel-Streifung der Kollagenfibrillen sichtbar. Seine molekulare Struktur sorgt auch dafür, dass Kollagen eine größere Zugfestigkeit als Stahl besitzt. Wesentliche Bestandteile sind **Glycin, Prolin und Hydroxyprolin**.

Kollagen ist das häufigste Protein im menschlichen Körper und musste deswegen noch ein bisschen unterteilt werden. Elf verschiedene Kollagentypen stehen auf der Histologenliste, von denen die vier wichtigsten in Tab. 2 vorgestellt werden.

Retikuläre Fasern

Retikuläre Fasern sind zugelastisch und damit bedingt dehnbar, besitzen aber eher eine strukturerhaltende Aufgabe. Sie bilden in lymphatischen und hämatopoetischen Organen, also z. B. in der Milz und im Knochenmark, weite Netzchen, durch die Blut- und Lymphzellen wandern können. Bitte nicht vergessen: Auch in der Lamina fibroreticularis der Basalmembran (s. S. 16) kommen retikuläre Fasern vor.

Elastische Fasern

Elastische Fasern besitzen die erstaunliche Eigenschaft, immer wieder über Jahrzehnte bis auf das 2,5-fache gedehnt zu werden und dabei kaum „auszuleiern". Ihr wesentlicher Bestandteil ist das Elastin, was ihnen ungefärbt eine gelbliche Farbe verleiht. Elektronenmikroskopisch kann neben dem amorphen Zentrum (Elastin) noch eine schmale Randzone aus Fibrillin unterschieden werden. Eine Mutation des Fibrillin-Gens verursacht vermutlich das **Marfan-Syndrom**. Elastische Fasern kommen z. B. schichtförmig in der Aorta und anderen großen venösen und arteriellen Gefäßen vor (Faustregel: Je größer das Gefäß, desto höher der Elastin-Anteil).

Kollagentyp	Vorkommen	Funktion
I	Haut, Sehnen, Knochen, Dentin, Faserknorpel	Zugfestigkeit
II	Knorpel (hyalin und elastisch)	Widerstand gegen wechselnde Drücke
III	retikuläre Fasern, Basalmembran (Lamina fibroreticularis)	Strukturerhalt in sich ausdehnenden Organen
IV	Lamina densa der Basalmembran (Basallamina)	Zellhaftung, Permeabilitätsbarriere

Tabelle 2: Wichtige Kollagentypen

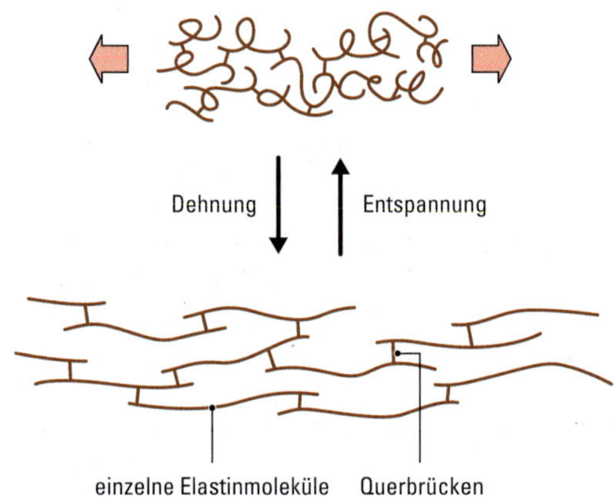

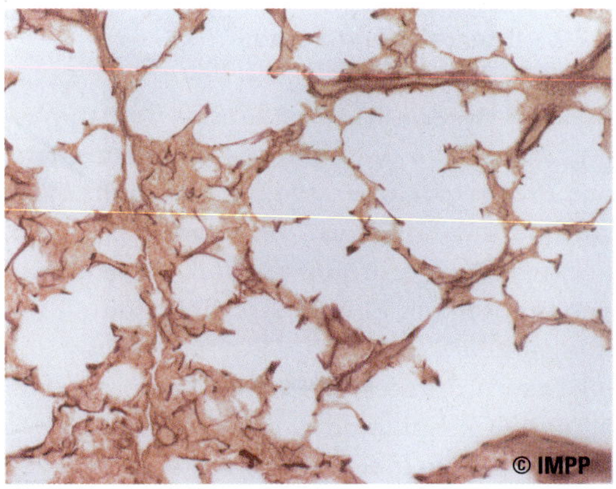

Abb. 22: Elastische Fasern der Lunge (verstärken die Retraktion der Lunge und sind im Präparat rechts dunkel gefärbt)

medi-learn.de/histo1-22

Übrigens ...
Die elastischen Fasern der Aorta sind entscheidend für deren Windkesselfunktion. Was ein Windkessel ist, weiß aber nicht einmal mehr mein Geschichtslehrer. Ein Dudelsack hat die gleichen Eigenschaften: Ein rhythmischer Druckstoß wird in einen gleichmäßigen Fluss verwandelt.

2.2.3 Bindegewebsarten

Lockeres Bindegewebe bildet das Stroma, also das Stützgewebe vieler Organe. Als besonders ausgefallenes Beispiel merk dir bitte das spinozelluläre Bindegewebe im Ovar, das sich durch einen starken Zellreichtum auszeichnet. Gallertartiges Bindegewebe begegnet uns in Form

der Wharton-Sulze in der Nabelschnur. Retikuläres Bindegewebe wird von den Retikulumzellen produziert und bildet die schon beschriebenen Netze in lymphatischen und hämatopoetischen Organen (also z. B. Lymphknoten oder dem roten Knochenmark), durch die sich die freien Zellen bewegen können. Das Gegenstück zum Stroma – also das funktionelle Gewebe eines Organs – nennt man Parenchym (Grundgerüst).

Dichtes Bindegewebe bildet die Sehnen und Kapseln im menschlichen Körper. Sehnen bestehen aus parallel angeordneten Kollagenfasern, zwischen denen Fibrozyten liegen (Sehnenzellen oder Flügelzellen, weil die Zellen flügelförmige Ausstülpungen zwischen den Fasern besitzen). Eine Sehne im Querschnitt erkennt man an eben diesen nicht ganz runden, ziemlich häufig vorkommenden, dunkleren Zellen innerhalb von bündelförmig eingefass-

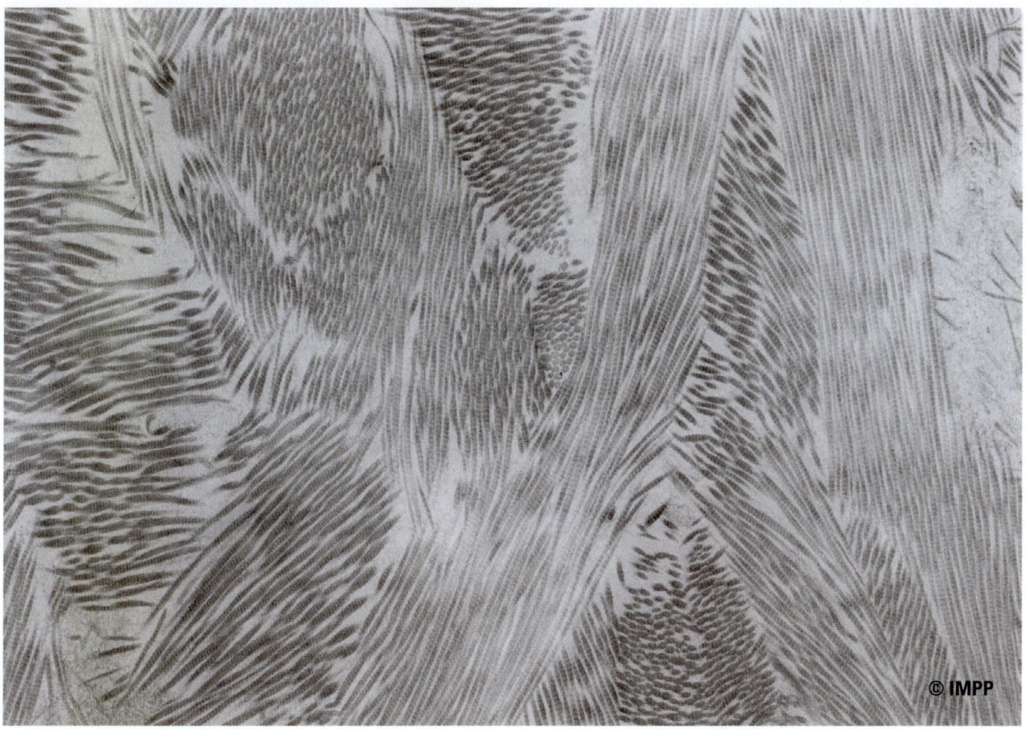

Bitte beachte die Hell-Dunkel-Streifung der Kollagenfibrillen.

Abb. 23: EM-Bild von geflechtartigem kollagenen Bindegewebe *medi-learn.de/histo1-23* ten runden Faseranschnitten. Die Bündel werden von lockerem Bindegewebe eingefasst, dem Peritendineum, von dem interessanterweise auch die Regeneration der Sehnen ausgeht. Im Längsschnitt liegen die Kollagenfasern in einem leicht gewellten Zustand vor.

2.2.4 Fett

Würden wir so viel Wissen über Fettgewebe wie Gewicht an demselben herumtragen, könnten wir diesen Abschnitt einfach aussparen. Mit 25 Jahren besteht das Gewicht eines Mannes zu ca. 15 %, das einer Frau zu ca. 25 % aus Fett, was rein rechnerisch einen Energievorrat von über einem Monat ergibt. Fettzellen sind spezialisierte Bindegewebszellen, die sich aus mesenchymalem Bindegewebe weiterentwickelt haben. Sie sind von retikulären Fasern und einer Basalmembran umgeben. Kollagene Fasern fassen die Zellen zu Fettläppchen zusammen, an die sich wahrscheinlich jeder noch leidvoll vom Präp-Unterricht erinnert. Man unterscheidet zwei verschiedene Fettsorten:

1. das weiße oder univakuoläre Fett,
2. das braune oder multivakuoläre Fett.

Weißes Fettgewebe

Hier sind die Zellen durch einen großen Fetttropfen im Zytoplasma gekennzeichnet, der die gesamte Zelle ausfüllt und sogar den Zellkern an den Rand drückt. Bei den allermeisten Fixierungen wird das Fett gelöst, sodass man nur noch die Zellmembran mit dem Zellkern in der typischen **Siegelring-Form** erkennt. Fettzellen sind reichlich von Blutkapillaren umgeben und von Nervenfasern innerviert. Im Physikum wird mit Freuden nach der Histophysiologie des Fettes gefragt, weshalb hier deren kurze Zusammenfassung folgt:

1. Im Blut sind Triacylglyzeride (Neutralfette) in Chylomikronen und Lipoproteinen verpackt.
2. In den Kapillaren des Fettgewebes werden die Triacylglyzeride von der Lipoproteinlipase des Endothels zu freien Fettsäuren und Glycerin gespalten.
3. In die Fettzellen aufgenommen werden nur die freien Fettsäuren, das Glycerin schwimmt zurück zur Leber.
4. Die Fettzellen synthetisieren aus den freien Fettsäuren wieder Triacylglyzeride und speichern sie als Fetttropfen.

5. Diese Speicherung wird durch Insulin angeregt (einziges antilipolytisches Hormon unseres Körpers), Katecholamine und Glukagon wirken dagegen lipolytisch (fettabbauend).
6. Fettzellen sondern nicht nur Fettsäuren, sondern auch **Leptin** ab, ein Hormon, das appetit- und gewichtsregulierende Wirkung besitzen soll.

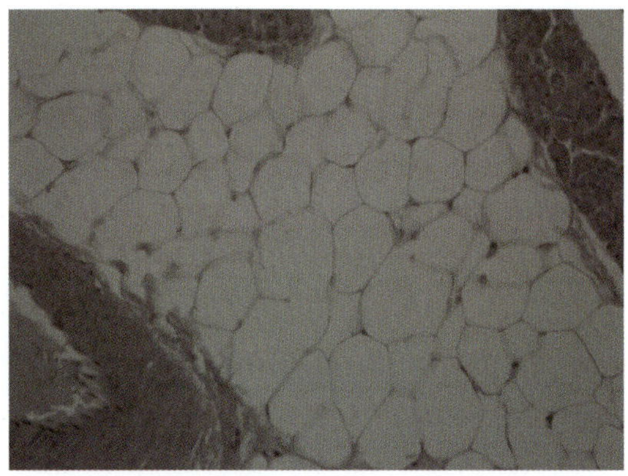

Abb. 24: Weißes Fettgewebe *medi-learn.de/histo1-24*

Braunes Fettgewebe

Um braunes Fettgewebe wird immer viel Trara gemacht, dabei ist es beim erwachsenen Menschen in nur rudimentärem Ausmaß vorhanden und spielt nur eine geringe funktionelle Rolle. In geringem Maße hilft es dem Neugeborenen zur zitterfreien Wärmebildung. Es wird auch als multivakuoläres Fettgewebe bezeichnet, da das Fett innerhalb einer Zelle in vielen kleinen Vakuolen gespeichert ist. Die Zellen besitzen einen runden, mittigen Zellkern und viele Mitochondrien, die für die Wärmeproduktion und die braune Farbe verantwortlich sind.

Übrigens ...
Bis jetzt gab es noch kein Bild zu braunem Fettgewebe im Physikum, es taucht aber häufig einmal als Falschantwort auf.

2.2.5 Knorpel

Knorpel ist kein schöner Name, sieht unter dem Mikroskop aber häufig beeindruckend aus. Knorpel zeichnet sich durch Druckelastizität und die Fähigkeit aus, Gewicht zu tragen und Gleiten zu ermöglichen. Wie viele von uns aus der Küche wissen, ist Knorpel schneidbar. Knorpel gehört zu den wenigen gefäßfreien Geweben im menschlichen Körper und wird rein durch Diffusion aus dem umgebenden Perichondrium oder aus der Gelenkflüssigkeit ernährt.
Unbedingt merken solltest du dir, wo die unterschiedlichen Knorpelsorten vorkommen.
Man unterscheidet drei Knorpelarten:
1. Hyalinen Knorpel,
2. elastischen Knorpel,
3. Faserknorpel.

Hyaliner Knorpel

Mehrere Klone einer Knorpelzelle (Chondrozyt) liegen in der Knorpelhofhöhle, dem **Territorium** oder **Chondron**. Das **Interterritorium** ist die Knorpelgrundsubstanz, die größtenteils aus Wasser, aber auch aus Glykanen, Kollagen II-Fasern und Mineralien besteht. Es besitzt keine Gefäße oder Nerven. Zu den Glykanen solltest du dir für das Physikum zwei Namen merken: den der Hyaluronsäure und den des flaschenbürstenartigen Proteoglykans Aggrecan, das Wassermoleküle anzieht, die bei Druck zur Seite weichen und so für die Elastizität des Knorpels sorgen.
Hyaliner Knorpel kommt im Kehlkopf, in den Gelenkoberflächen, im Nasenknorpel und in den Rippenansätzen vor.

In den Gelenkoberflächen ist der Knorpel NICHT von Perichondrium umgeben, hier wird er von der Synovia aus ernährt.

Elastischer Knorpel

Elastischer Knorpel zeichnet sich dadurch aus, dass seine Grundsubstanz neben Kollagen II-Fasern auch viel **Elastin** besitzt, was ihn sehr elastisch macht und ihm makroskopisch seine gelbe Farbe verleiht. Die Chondrone bestehen aus einer bis maximal drei Zellen.
Er kommt in der Ohrmuschel und im äußeren Gehörgang, in der Tuba auditiva und in der Epiglottis vor.

Faserknorpel

Faserknorpel ist von vielen kollagenen Typ I-Fasern durchsetzt, die ein fischgrätartiges Muster erzeugen. Die Knorpelzellen liegen häufig einzeln oder in kleinen isogenen Gruppen. Er besitzt kein Perichondrium, steht aber eng mit dem umgebenden Bindegewebe in Verbindung und kommt in den Menisci und in den Disci intervertebrales vor.

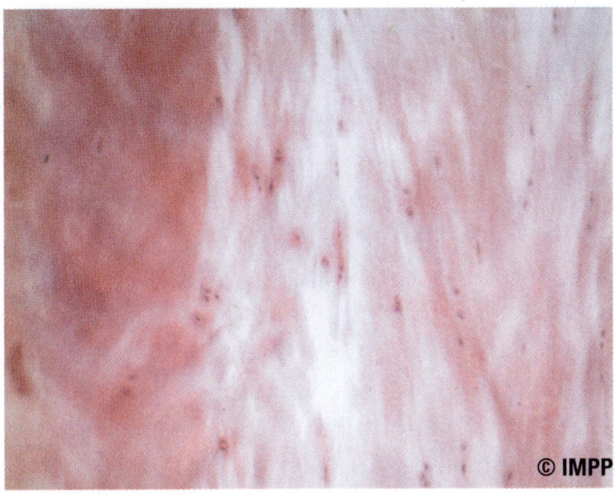

Zweischichtiger Aufbau:
links (intensiver gefärbt) hyaliner Knorpel (Kollagen Typ II) des Nukleus pulposus,
rechts der Anulus fibrosus mit Faserknorpel (Kollagen Typ I, Fischgrätmuster).

Abb. 25: Bandscheibe (Discus intervertebralis)

medi-learn.de/histo1-25

DAS BRINGT PUNKTE

Im schriftlichen Physikum wurde bislang häufig auf dem so banal erscheinenden Unterschied zwischen straffem und lockerem **Bindegewebe** herumgeritten. Punkte absahnen kannst du, wenn du weißt, dass
- Mastzellen mittels gebundenem IgE bei der allergischen Sofortreaktion aktiviert werden und dann ihre mit Histamin, Heparin, Leukotrienen und Bradykinin gefüllten Granula freisetzen,
- Kollagen Typ II v. a. in hyalinem und elastischem Knorpel vorkommt,
- Kollagen Typ III typisch für retikuläre Fasern ist,
- hyaliner Knorpel aus Kollagen Typ II besteht und v. a. im Kehlkopf, Gelenkflächen und Nasenknorpel vorkommt,
- Fettzellen durch Insulin angeregt Fett speichern und unter Katecholamin-/Glukagoneinfluss Fettsäuren absondern sowie
- Fettzellen Leptin produzieren.

FÜRS MÜNDLICHE

Nach Drüsen und Epithelien im vorherigen Abschnitt geht es jetzt um die Fragen zum Oberbegriff Bindegewebe. Die folgenden Fragen aus unserer Protokoll-Datenbank sollen dir dabei helfen.

1. **Bitte erklären Sie, wofür Bindegewebe eigentlich gut ist.**
2. **Was für Zellen finden Sie im Bindegewebe?**
3. **Erläutern Sie den Unterschied zwischen Stroma und Parenchym.**
4. **Bitte erklären Sie, warum es unterschiedliche Bindegewebsfasern gibt.**
5. **Erklären Sie bitte, was Fettzellen machen.**
6. **Welche Knorpelarten kennen Sie?**

---

1. Bitte erklären Sie, wofür Bindegewebe eigentlich gut ist.
- Zur Form- und Strukturgebung,
- als Ort der Immunabwehr und
- als Stützgewebe vieler Organe.

2. Was für Zellen finden Sie im Bindegewebe?
- Fibroblasten und -zyten, häufig noch Mastzellen, Plasmazellen und Makrophagen.

3. Erläutern Sie den Unterschied zwischen Stroma und Parenchym.
- Stroma: Stützgewebe eines Organs,
- Parenchym: funktionelles Gewebe.

4. Bitte erklären Sie, warum es unterschiedliche Bindegewebsfasern gibt.

Weil es im Körper unterschiedliche Aufgaben zu erfüllen gilt:
- Kollagene Fasern dienen zum Strukturerhalt (z. B. Sehnen),
- elastische Fasern dienen z. B. zur Windkesselfunktion der Aorta und
- retikuläre Fasern zur Formgebung lymphatischer Organe.

5. Erklären Sie bitte, was Fettzellen machen.

- Aufnahme freier Fettsäuren,
- Synthese und Speicherung von Triacylglyzeriden (insulingesteuert),
- Lipolyse durch Katecholamine und Glukagon und
- Abgabe von Leptin.

6. Welche Knorpelarten kennen Sie?

- Hyalinen Knorpel z. B. im Kehlkopf,
- elastischen Knorpel in der Ohrmuschel und
- Faserknorpel in den Bandscheiben.

Mehr Cartoons unter www.medi-learn.de/cartoons

Pause

Kurze Pause!

2.2.6 Knochen

Ohne Knochen wären wir nur eine schleimige Masse, die sich wie eine Amöbe über den Boden bewegt. Knochen ist fest gegen Zug, Druck, Biegung und Drehung, er gehört zu den härtesten Geweben des menschlichen Körpers (nur Zahnschmelz ist härter). Nebenbei ist er auch noch der wichtigste Calciumspeicher. Dementsprechend werden immer wieder Fragen zu seinen Bestandteilen, seiner Einteilung und seiner Entwicklung gestellt.

Knochenbestandteile

Knochen besteht aus Knochenzellen und Interzellulärsubstanz (Matrix oder Osteoid). Die Interzellulärsubstanz wiederum besteht v. a. aus Phosphat und Calcium in Form von Apatitkristallen, kollagenen Fasern und Wasser (und Proteinen wie das Osteonektin, -calcin, und -pontin). Drei wichtige Zellarten solltest du dir merken:

1. Die **Osteoblasten** sind einkernige Zellen am Rande der Knochenbälkchen, die die noch unverkalkte Knochengrundsubstanz produzieren. Osteoblasten, die sich rundherum eingemauert haben, stoppen die Produktion von Knochensubstanz und heißen dann Osteozyten.
2. Die **Osteozyten** liegen in Knochenhöhlen – den Lakunen – und stehen über Zytoplasmaausläufer in den Canaliculi ossei (Knochenkanälchen) untereinander in Verbindung. Gap Junctions verbinden die Zellen miteinander und ermöglichen so die Ernährung der Osteozyten, die keinen direkten Kontakt zu Blutgefäßen haben.
3. Die **Osteoklasten** sind die Gegenspieler der Osteoblasten (sie „**kla**uen" Knochen) und außerdem große Physikumslieblinge. Sie sind mehrkernige Riesenzellen mit bis zu 50 Zellkernen, die die Eigenschaft besitzen, Knochengrundsubstanz abzubauen. Die der Grundsubstanz zugewandte Oberfläche ist unregelmäßig aufgefaltet (ruffled border) und so erheblich vergrößert. Eine intrazelluläre Carboanhydrase stellt H^+-Ionen bereit, die von einer Membran-ATPase nach außen geschleust werden. Das damit entstehende saure Milieu zusammen mit lysosomalen Enzymen ermöglicht es den Osteoklasten, die Knochensubstanz und insbesondere Calcium zu resorbieren. Somit „fressen" sich Osteoklasten in den Knochen ein und bilden die Howship-Lakunen, die Höhlen, in denen sie liegen. Sie arbeiten dabei so effizient, dass sie pro Zeiteinheit die gleiche Knochenmenge abbauen, die 150 Osteoblasten aufbauen. Ihre Aktivität wird hormonell gesteuert: Sie werden durch einen von Parathormon (stellt Calcium parat) in Gang gesetzten Mechanis-

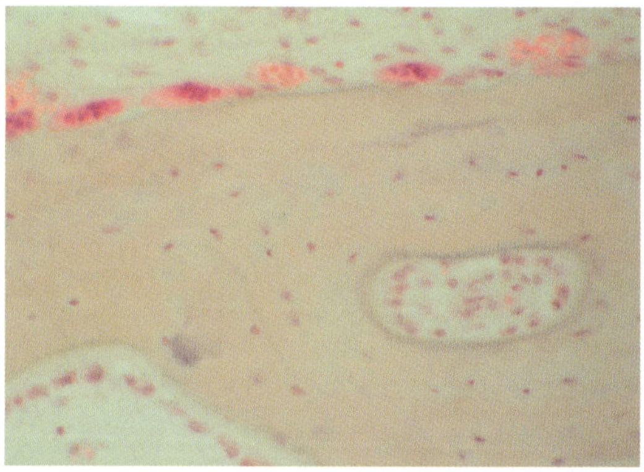

Abb. 26: Knochenbälkchen *medi-learn.de/histo1-26*

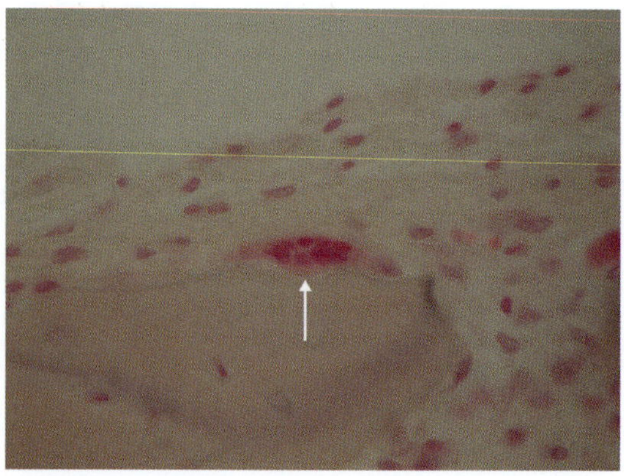

Abb. 27: Osteoklast *medi-learn.de/histo1-27*

mus aktiviert und durch Kalzitonin und Östrogene gehemmt (deswegen die verstärkte Osteoporose bei Frauen in der Postmenopause). Man nimmt an, dass Osteoklasten Nachfolger der Monozyten des Blutes sind und damit zum mononukleären Phagozytosesystem gehören (s. Skript Histologie 2). Ihr Bild im Schriftlichen zu erkennen, schenkt beinahe jedes Mal Punkte.

Histologischer Aufbau

Der histologische Aufbau von Knochen ist an und für sich gar nicht kompliziert. Zum Verstehen ist aber zusätzlich noch eine Menge Vokabellernen notwendig.
Knochen kann **makroskopisch** in lange, kurze und platte Knochen eingeteilt werden. In jedem Knochen umgibt eine äußere kompakte

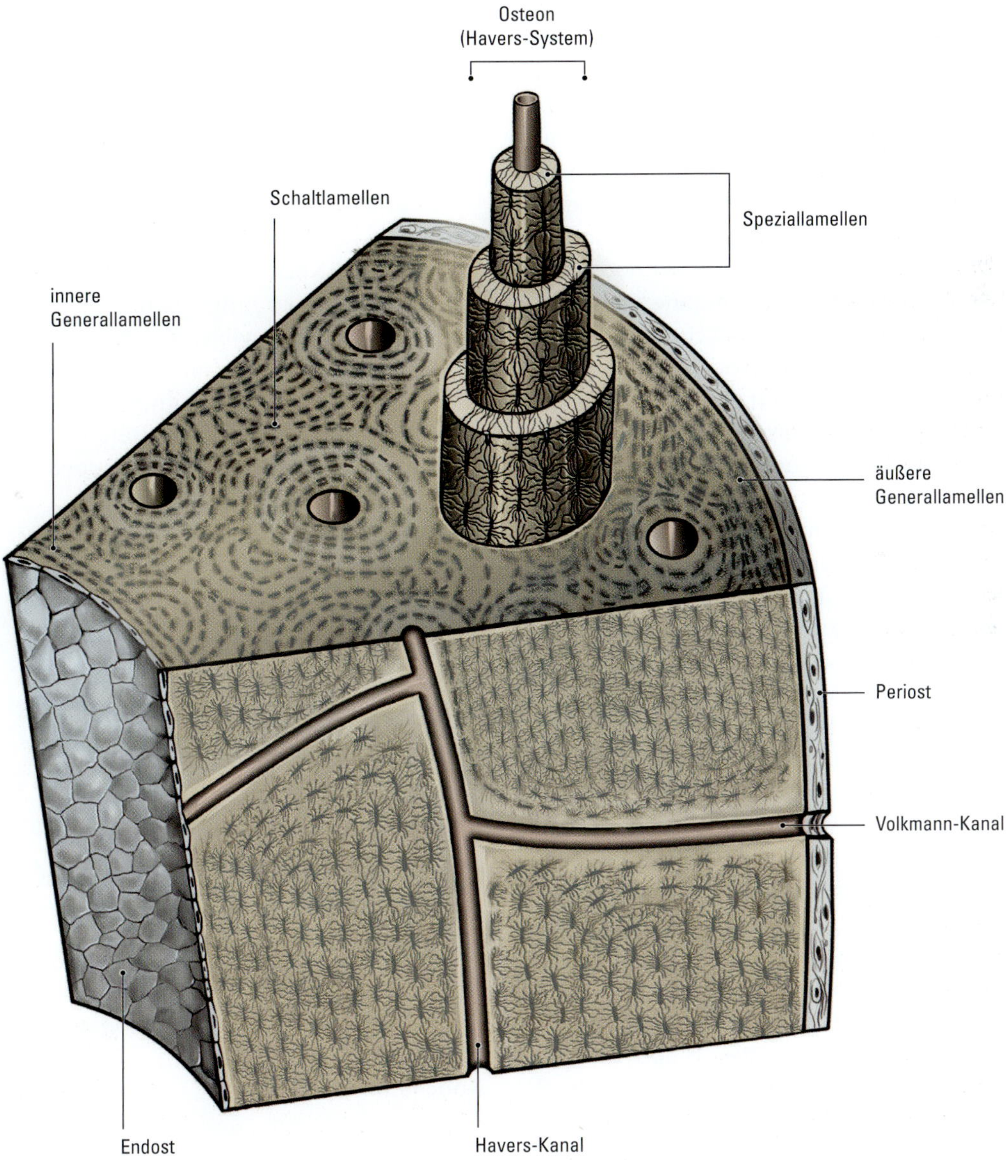

Abb. 28: Lamellenknochen

medi-learn.de/histo1-28

Schicht (die Substantia compacta) ein schwammartiges Balkenwerk (die Substantia spongiosa). Die langen oder Röhrenknochen bestehen aus einem Knochenschaft, der Diaphyse, auf der an beiden Enden eine Epiphyse sitzt. Die Epiphyse ist teilweise überknorpelt und bildet die Gelenkfläche.

Zwischen Dia- und Epiphyse liegt die Metaphyse, die uns bei der Knochenentwicklung noch einiges Kopfzerbrechen bereiten wird (s. u. Abschnitt Knochenentwicklung).
Schließlich gehören noch zwei Bindegewebsschichten zum Knochen: Erstens das Periost, das den größten Teil des Knochens von außen umgibt, reichlich mit Nerven versorgt ist (nicht das Schienbein tut uns weh, sondern dessen Periost) und Blutgefäße zur Ernährung des Knochens führt. Zweitens das Endost, das der Substantia compacta von innen anliegt.
Platte Knochen, wie z. B. das Schulterblatt und viele Schädelknochen, werden von zwei dünnen Kompaktaschichten (Lamina externa und interna) und einer dazwischenliegenden Spongiosaschicht, der Diploe, gebildet.

Mikroskopisch kann man zwei wesentliche Knochenarten unterscheiden: den Geflechtknochen und den Lamellenknochen. **Geflechtknochen** entsteht bei der Knochenneubildung, wenn die kollagenen Fasern der Grundsubstanz ungeordnet vorliegen. In der Regel wird er durch Lamellenknochen ersetzt; aber auch bei Erwachsenen liegt Geflechtknochen noch an wenigen Stellen vor, wie z. B. in der Pars petrosa des Os temporale und an einzelnen Sehnenansätzen. **Lamellenknochen** besteht aus Lamellen, also deutlich voneinander abgesetzten Knochenschichten, die durch **Kollagen Typ I-Fasern** und Osteozyten gekennzeichnet sind. Der grundlegende Aufbau von Lamellenknochen ist am einleuchtendsten an der Substantia compacta in den Diaphysen langer Röhrenknochen zu erklären (s. Abb. 28, S. 37). Die wesentlichen Baueinheiten von Lamellenknochen sind die **Osteone**. Sie bestehen aus einem in ihrer Mitte parallel zur Knochenoberfläche verlaufenden Zentralkanal, dem Havers-Kanal, und 3–20 Lamellen, die mit ihren Osteozyten konzentrisch um den Zentralkanal herum angeordnet sind. Die Lamellen eines Osteons nennt man Speziallamellen. Da Knochen ständig den statischen Gegebenheiten angepasst und somit nonstop umgebaut wird, werden schon vorhandene Osteone um- oder gar abgebaut. Die Reste alter Speziallamellen nennt man Schaltlamellen. Sie bilden Kreisteile ohne innen liegenden Havers-Kanal. Als dritte Lamellenart sind noch die Generallamellen erwähnenswert, die an der inneren und äußeren Oberfläche der Diaphysenröhre kreisförmig um den ganzen Knochen herum angeordnet sind. Damit die Blutgefäße in den Havers-Kanal kommen können, gibt es noch die Volkmann-Kanäle, die senkrecht von der Oberfläche in den Knochen eintreten und mit den Havers-Kanälen kommunizieren.
In den Markhöhlen vieler Knochen liegt zwischen der Substantia spongiosa das Knochenmark, das als gelbes Knochenmark zum Speichern von Fett dient und als rotes Knochenmark zur Erythro- und Leukopoese.

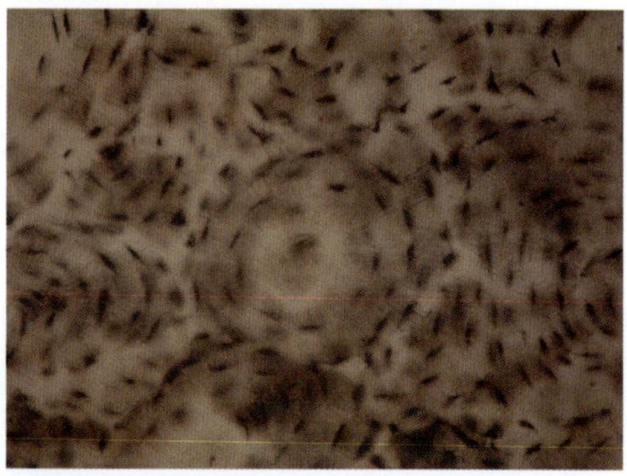

Mittig ist ein Osteon zu sehen mit kreisförmig angeordneten Osteozyten.

Abb. 29: Schnitt durch die Substantia compacta

medi-learn.de/histo1-29

Knochenentwicklung

Die Knochenentwicklung oder **Ossifikation** beginnt in der Fetalzeit mit der direkten Umwand-

lung von mesenchymalem Bindegewebe in Knochen, der **desmalen Ossifikation**. So bilden sich z. B. die Klavikula und einzelne Schädelknochen, wie z. B. das Os parietale.
Das Gegenstück bezeichnet man als **chondrale Ossifikation**, bei der Röhrenknochen um und in groben Knorpelmodellen gebildet werden, die als Vorlage dienen. Sie verläuft in zwei Phasen. Zuerst wird dabei in der *perichondralen* Ossifikation der Diaphysenschaft um das Knorpelmodell herum gebildet, und zwar – verwirrenderweise – nach Art der desmalen Ossifikation, es wird also Bindegewebe in Knochen umgewandelt. Darauf folgt die *enchondrale* Ossifikation, bei der im Knorpelmodell selbst Knochen gebildet werden.

Sie geht von der Grenze zwischen Metaphyse und Epiphyse, also der Epiphysenfuge aus. Hier muss man ein bisschen genauer hinsehen, da im Mikroskop deutlich ein Schichtaufbau zu erkennen ist, nach dem im Physikum häufig gefragt wird. In der **Reservezone** liegt hyaliner Knorpel mit morphologisch unveränderten Zellen vor. Sie füllt anfangs die gesamte Epiphyse aus, schrumpft aber nach deren Verknöcherung auf einen zur Epiphysenfuge hin gerichteten Streifen zusammen. In der darunter liegenden **Proliferationszone** teilen sich die Knorpelzellen lebhaft und bilden Säulen, die sich in Längsrichtung anordnen. Deswegen wird auch von Säulenknorpel gesprochen. In der **Resorptionszone** (Zone des Blasenknorpels) ist offensichtlich die Ernährung des Knor-

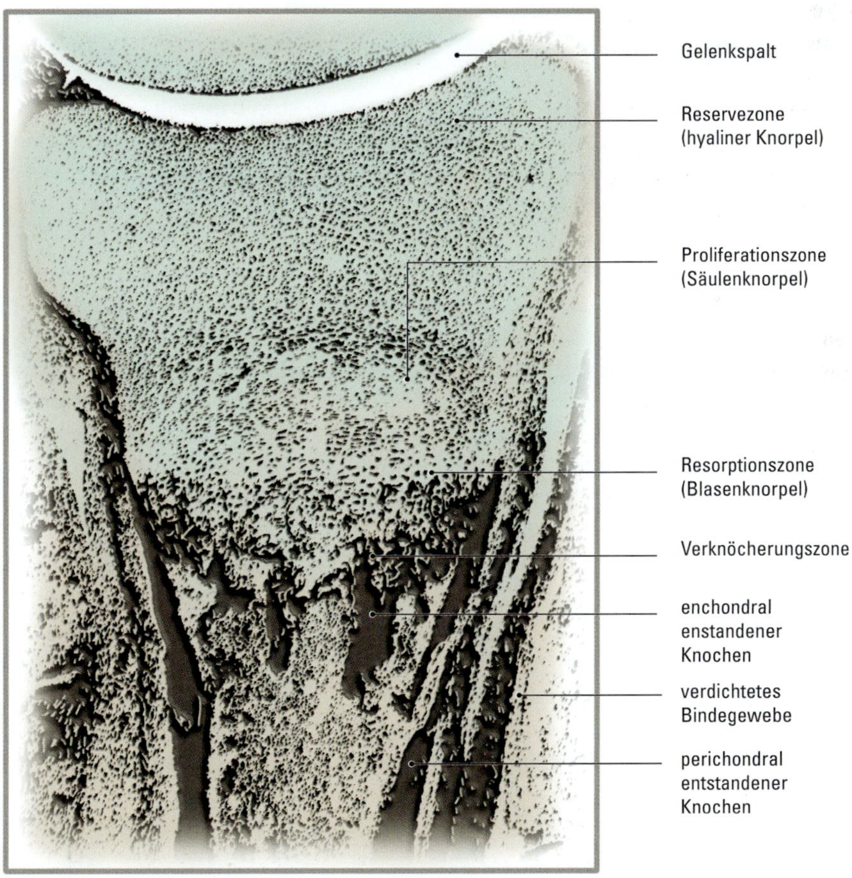

Abb. 30: Enchondrale Verknöcherung

medi-learn.de/histo1-30

pels gestört: Es kommt zu einer Kalzifizierung des Knorpels und die Knorpelzellen vergrößern sich. Darunter liegt die **Verknöcherungszone**, in der die Knorpelzellen zugrunde gehen und die Knorpelhöhlen durch Chondroklasten eröffnet werden (daher auch Eröffnungszone genannt). Mit den Blutgefäßen einsprießende undifferenzierte Zellen wandeln sich in Osteoblasten um, die neuen Geflechtknochen bilden, der dann im letzten Schritt durch Lamellenknochen ersetzt wird. Die enchondrale Verknöcherung ist für das Längenwachstum verantwortlich, das normalerweise in der Fetalperiode beginnt und bis zum 15.–20. Lebensjahr anhält. Die Verknöcherung der Epiphyse selbst verläuft ähnlich wie die in der Epiphysenfuge nach einem enchondralen Muster, aber radial um einen Knochenkern in der Epiphyse herum.

Knochenheilung

Die Heilung nach einem Knochenbruch beginnt mit dem Einsprießen von Blutgefäßen und Bindegewebszellen in den Frakturspalt. Osteogene Zellen beginnen hyalinen Knorpel zu bilden. Nach Art der enchondralen Ossifikation wird dann Knochen gebildet (s. Abschnitt Knochenentwicklung auf S. 38), d. h. man findet im Frakturgebiet hyalinen Knorpel, der durch Knochengewebe ersetzt wird (chondrale Ossifikation) und Bindegewebe, das in Knochen umgewandelt wird (desmale Ossifikation). Es wird fast immer mehr Gewebe gebildet als vorher vorhanden war. Das überschüssige Gewebe bezeichnet man als Kallus.

2.3 Muskelgewebe

Nach dem zugegebenermaßen etwas anstrengenden Thema Knochen darfst du dich jetzt ein wenig mit den Muskeln entspannen. Hier lässt sich nämlich mit ein paar Basisinformationen der größte Teil der Physikumsfragen beantworten:

2.3.1 Quergestreifte Skelettmuskulatur

Dass du – so wie du bist – am Schreibtisch sitzen kannst, ja, es überhaupt auf den Stuhl geschafft hast, liegt am genialen Aufbau deiner Skelettmuskulatur. Dieser scheint auch auf die Physikumsmacher viel Eindruck gemacht zu haben, denn eine Frage zu Sarkomeren in jedem Physikum ist fast so sicher wie das Amen in der Kirche.

Muskeln bestehen aus **Muskelfasern**, die durch das Verschmelzen vieler Muskelstammzellen zu einer einzigen, bis zu 20 cm langen, vielkernigen Riesenzelle entstehen. Die randständigen Zellkerne und eine lichtmikroskopisch deutlich erkennbare Querstreifung sollten ein Skelettmuskelbild immer zu einem Physikumsjoker machen. Bevor wir uns jetzt gleich über den Aufbau unterhalten, noch einige wichtige Fakten:

- Skelettmuskulatur besitzt KEINE Gap Junctions. Es soll ja jede motorische Einheit getrennt innerviert werden und daher eben kein funktionelles Synzytium bilden, um z. B. so diffizile Aufgaben wie Kreuzchen machen auch in aller Perfektion ausführen zu können.
- Eine einzelne Nervenfaser kann eine oder ganz viele Muskelfasern innervieren. Alle Muskelfasern, die zu einer Nervenfaser gehören, nennt man **motorische Einheit**. In den äußeren Augenmuskeln besteht diese aus einer einzelnen Muskelfaser, im Oberschenkel aus über 100 Fasern. Motorische Einheiten funktionieren nach dem Alles-oder-Nichts-Prinzip: Entweder alle ihre Muskelfasern werden erregt und kontrahieren sich oder keine einzige.
- Auch Skelettmuskeln können regenerieren. Zwischen den Muskelfasern liegende Satellitenzellen besitzen nämlich die Fähigkeit, sich zu teilen und mit schon vorhandenen Muskelfasern zu verschmelzen.

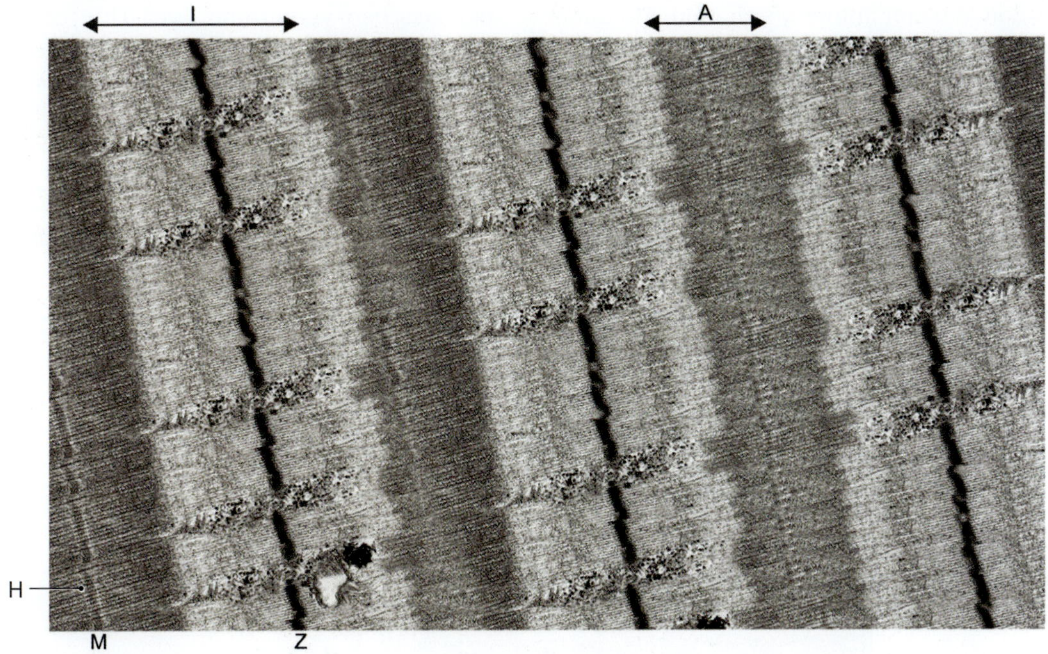

Als drei schwarze, dünne Streifen sind die Z-Streifen erkennbar, die in der hellen I-Zone liegen. Die längeren dunklen Abschnitte sind die A-Zonen, in deren Mitte ein dunkler Streifen (M-Streifen) in einer hellen Zone (H-Streifen) sichtbar ist.

Abb. 31: EM-Bild einer Muskelzelle *medi-learn.de/histo1-31*

Sarkomer

Die Querstreifung der Muskelzellen entsteht durch den regelmäßigen Aufbau der **Myofibrillen**. Das sind die kontraktilen Elemente innerhalb der Zelle, mit denen du dich nun ein bisschen genauer beschäftigen solltest: Myofibrillen sind aus **Sarkomeren** aufgebaut, den kleinsten funktionellen Einheiten einer Muskelzelle. Schon lichtmikroskopisch – aber noch viel klarer im Elektronenmikroskop – erkennt man helle und dunkle Banden: Eine dunkle Querlinie inmitten eines relativ hellen Abschnitts bildet den Z-Streifen. Der helle Abschnitt wird als I-Bande bezeichnet (isotrop, im polarisierenden Licht einfach lichtbrechend). In einem größeren, dunklen Abschnitt, der A-Bande (anisotrop, im polarisierenden Licht doppelbrechend) erkennt man mittig einen etwas helleren Abschnitt, den H-Streifen (Hensen-Streifen), in dessen Mitte wiederum ein dünner, schwarzer Strich zu sehen ist, der M-Streifen (Mittelstreifen). So, und was soll das alles? Die Muskelkontraktion entsteht durch das Aneinandergleiten von zueinander parallelen relativ dünnen Aktin- und relativ dicken Myosinfilamenten. Die Aktinfasern sind untereinander über den Z-Streifen verbunden und reichen bis zum H-Streifen. Die helle Zone links und rechts um den Z-Streifen ist die I-Bande, eine Zone, in der nur Aktinfilamente vorkommen. Die A-Bande ist durch die unveränderliche Länge der Myosinfilamente definiert und deswegen so dunkel, weil hier sowohl Aktin- als auch Myosinfilamente nebeneinander liegen (Achtung: Ausnahme ist der H-Streifen, wo nur Myosinfilamente liegen). Der M-Streifen in der Mitte verbindet die Myosinfilamente untereinander. Bei der Muskelkontraktion verkürzen sich I-Banden und H-Streifen, weil

2

die Aktinfilamente sich einander nähern. Die A-Bande bleibt immer gleich lang. Ein Sarkomer reicht von einem Z-Streifen zum nächsten, die Reihenfolge der Streifen lautet: Z-I-A-H-M und wieder zurück. Durch eine leichte Vordehnung wird eine optimale Überlappung der Aktin- und Myosinfilamente und damit eine stärkere Kraftentwicklung erreicht.
Ein ziemlich langes, elastisches Molekül namens Titin verbindet den Z-Streifen mit dem M-Streifen und ist für die Längsstabilisierung der Myofibrillen da. Diese Tatsache ist vielleicht ein bisschen verwirrend, weil Titin deutlich voneinander abgegrenzte Abschnitte verbindet, weswegen es natürlich auch im Physikum auftauchen muss.

Merke!

„**Z**ieh **I**mmer **A**m **H**ellen **M**uskel" für die Reihenfolge der Streifen: **Z**-**I**-**A**-**H**-**M**.

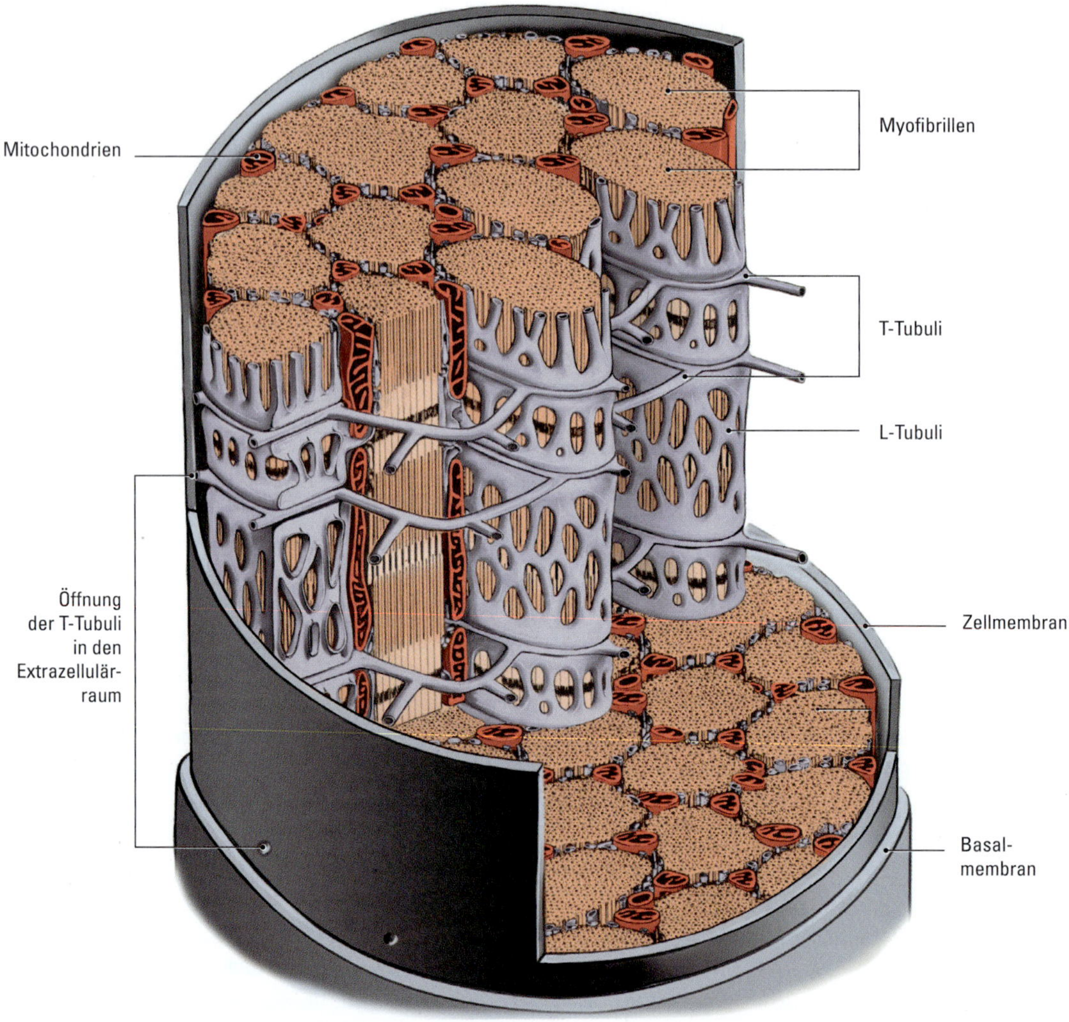

Abb. 32: Plasmalemm einer Muskelzelle = Sarkolemm

medi-learn.de/histo1-32

Sarkolemm

Als Sarkolemm wird die Gesamtheit der Plasmamembranen der Muskelzellen bezeichnet. Wie alle Zellen ist auch die Muskelzelle von einer Plasmamembran umgeben, die allerdings röhrenförmige Einstülpungen quer durch die Zelle besitzt, die **T-Tubuli** (T von transversal). Bei Erregung der Zelle wandern die Aktionspotenziale an den T-Tubuli entlang ins Innere und damit in die Nähe des sarkoplasmatischen Retikulums (das gER des Muskels), die auch **L-Tubuli** genannt werden (L von longitudinal) und als Calciumspeicher dienen. An den **Triaden** liegen die L-Tubuli in direkter Nachbarschaft zu den T-Tubuli. Kommt nun ein Aktionspotenzial die T-Tubuli entlang geschossen, verändert sich ein spannungsabhängiger Calcium-Kanal (Dihydropyridin-Rezeptor). Dies aktiviert Calcium-Känale in den L-Tubuli (Ryanodin-Rezeptoren). Calcium strömt in Sekundenbruchteilen kaskadenartig aus der gesamten Länge der L-Tubuli ins Zytoplasma und löst damit die Kontraktion der Myofibrillen aus. Die Triaden sind also der Ort, wo ein elektrischer Reiz in chemische Veränderungen umgeformt wird, die dann an den Myofibrillen zur mechanischen Kontraktion führen (**elektromechanische Kopplung**).

Übrigens ...
Das Sarkolemm wird stabilisiert durch ein Protein namens Dystrophin, welches über einen transmembranen Proteinkomplex („Dystroglykane") das Zytoskelett mit der extrazellulären Matrix verknüpft. Ein Mangel an Dystrophin ist Ursache für fortschreitende Muskelerkrankungen, sogenannte Muskeldystrophien.

Muskelspindel

Muskelspindeln sind ein Beispiel für die vielen kleinen und fisseligen Sachen, die für das Funktionieren unseres Körpers unerlässlich sind, gleichzeitig aber so klein sind, dass man sie leicht übersieht. Darauf baut – wie sollte es anders sein – das Physikum mit immer genauer werdenden Fragen.

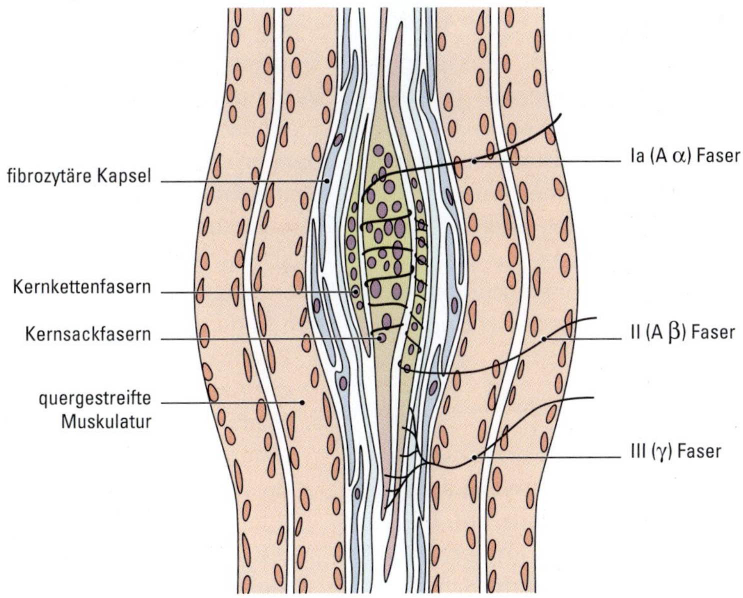

Abb. 33 a: Muskelspindel längs

medi-learn.de/histo1-33a

2

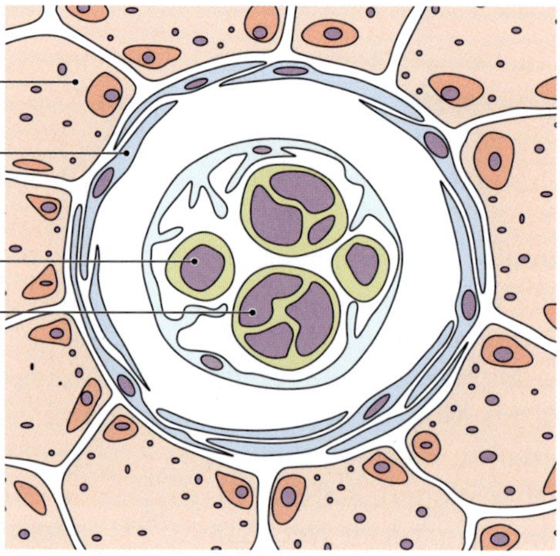

Abb. 33 b: Muskelspindel quer

medi-learn.de/histo1-33b

Muskelspindeln sind propriozeptive Dehnungsrezeptoren des Skelettmuskels. Sie melden also dem Gehirn, wie stark unsere Muskeln angespannt sind. Durch die Meldung aller Muskelspindeln kann das Gehirn dann die Lage der Extremitäten zueinander errechnen. Ohne sie könnten wir uns nur schwer auf die Stirn klopfen, wenn wir wieder einmal vor einer völlig blödsinnigen Physikumsfrage stehen. Muskelspindeln bestehen aus spezialisierter quergestreifter Muskulatur, die als **Kernsack- und Kernkettenfasern** oder als **intrafusale Fasern** (lat. fusus: Spindel) bezeichnet werden. Sie sind sowohl afferent als auch efferent innerviert und melden daher nicht nur den Dehnungszustand, sondern können schon im Voraus auf eine bestimmte Länge geeicht werden.

2.3.2 Herzmuskulatur

Auch Herzmuskulatur besteht prinzipiell aus quergestreifter Muskulatur. Sie weist aber einige entscheidende Unterschiede auf, die es dem Herz ermöglichen, unser immer länger werdendes Leben über ununterbrochen zu schlagen, selbst wenn es ab und an vor Freude zu zerspringen scheint.

Übrigens ...
Sollten wirklich einmal Herzmuskeln absterben, z. B. bei einem Infarkt, ist das besonders tragisch, weil sie keine Fähigkeit zur Regeneration besitzen.

Auch Herzmuskelzellen entstehen durch das Verschmelzen von Myoblasten. Reife Zellen besitzen aber nur ein oder zwei Zellkerne, die mittig in der Zelle liegen. Herzmuskelzellen sind häufig Y-förmig aufgezweigt, sodass viele Verbindungen zwischen den Zellen entstehen. Sie müssen nämlich besonders gut miteinander verbunden sein, um den beständigen mechanischen Anforderungen gerecht zu werden. Das sichtbare Ergebnis sind deutlich erkennbare schwarze Streifen zwischen den Zellen, die **Glanzstreifen oder Disci intercalares.** Sie weisen folgende Zell-Zellverbindungen auf:

- **Fasciae adhaerentes**, die der Verankerung der Aktinfilamente dienen,
- **Maculae adhaerentes**, die die Muskelzellen untereinander verbinden und
- die funktionell äußerst wichtigen **Gap Junctions**, durch die alle Herzmuskelzellen elektrisch miteinander verkuppelt sind und so ein **funktionelles Synzytium** bilden.

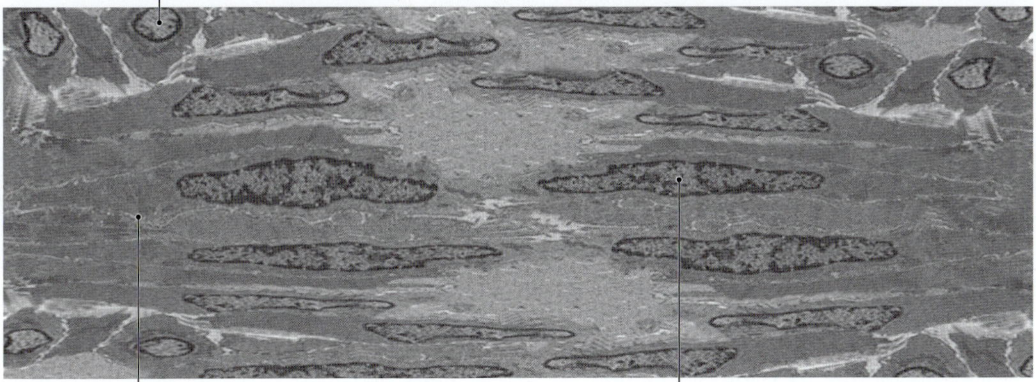

Abb. 34: Glatte Muskelzellen *medi-learn.de/histo1-34*

(Wer noch Lust auf komische Physikums-Proteine hat, kann sich hier das Connexin 43 als herzspezifisches Nexusprotein merken).
Außerdem fallen viele Mitochondrien und reichlich Glykogenablagerungen auf, die den verstärkten Energiebedarf der Zellen befriedigen. Funktionell bedeutend sind auch am Herzmuskel die Sarkomere, die identisch wie im Skelettmuskel aufgebaut sind. Auch hier bewirkt eine leichte Dehnung, z. B. bei verstärkter diastolischer Füllung, eine größere Kraftentwicklung (Frank-Starling-Mechanismus). Die Zellen im Herzvorhof besitzen außerdem auch noch die Fähigkeit zur Bildung und Sekretion von Hormonen. Wichtig ist das ANF: atrialer natriuretischer Faktor, auch Cardiodilatin oder ANP (atriales natriuretisches Peptid) genannt.

2.3.3 Glatte Muskulatur

Glatte Muskulatur, das sind spindelförmige, relativ dünne Zellen ohne erkennbare Querstreifung mit einem mittigen, länglichen Zellkern. Auch hier ist die Fähigkeit zur Kontraktion an **Aktin- und Myosinfilamente** gebunden, die aber netzartig vorliegen. Eingearbeitet in das Aktinnetzwerk sind Verdichtungen (Areae densae oder Anheftungsplaques), die der Verbindung der Aktinfilamente dienen und den Z-Streifen der Skelettmuskulatur entsprechen. Glatte Muskeln kontrahieren sich zwar langsamer als Skelettmuskulatur, sie können aber pro Fläche eine größere Kraft entwickeln und im kontrahierten Zustand verharren, ohne zu ermüden. Sie unterliegen KEINEM Alles-oder-Nichts-Gesetz und benötigen wegen ihres geringen Durchmessers und der langsamen Kontraktion KEINE T-Tubuli. Glatte Muskulatur kommt z. B. in den Eingeweiden und den Blutgefäßen vor. Sie bildet kleine Einheiten, die uns die Haare zu Berge stehen lassen (Mm. arrectores pilorum) oder sogar ganze Organe, wie den Uterus.

DAS BRINGT PUNKTE

In der schriftlichen Prüfung kannst du viele **Knochenfragen** beantworten, wenn du weißt, dass

- die Knochensubstanz von Osteoblasten erbaut, von Osteozyten erhalten und von Osteoklasten zerstört wird,
- Parathormon die mehrkernigen Osteoklasten aktiviert, die beim Knochenabbau Calcium freisetzen,
- Lamellenknochen als wesentliche Baueinheiten Osteone besitzen, in denen das Kollagen Typ I in Speziallamellen um einen zentralen Havers-Kanal herum angeordnet ist,
- Schaltlamellen der Lamellenknochen Überreste teilweise abgebauter Osteone sind,
- bei der Entstehung langer Röhrenknochen erst um ein Knorpelmodell perichondral ein knöcherner Schaft gebildet wird, an dessen Ende – also an den Epiphysenfugen – enchondral das Längenwachstum stattfindet und
- diese Zone der enchondralen Verknöcherung morphologisch in eine Reserve-, Proliferations-, Resorptions- und eine Verknöcherungszone aufgeteilt ist.

Zu den **Muskeln** solltest du wissen, dass

- Muskeln aus Myofibrillen aufgebaut sind, deren kleinste Einheit das Sarkomer darstellt (parallel aneinandergelagerte Aktin- und Myosinfilamente, deren regelmäßiger Aufbau Z-, I-, A-, H- und M-Streifen bildet),
- der A-Streifen durch die unveränderliche Länge der Myosinfilamente definiert ist,
- Muskelspindeln afferent und efferent innerviert sind und aus intrafusalen Fasern, also den Kernsack- sowie den Kernkettenfasern bestehen und
- Herzmuskelzellen mittels Glanzstreifen miteinander verbunden sind, in denen Gap Junctions für die Bildung eines funktionellen Synzytiums sorgen und Fasciae und Maculae adhaerentes für die Festigkeit der Verbindung zuständig sind.

FÜRS MÜNDLICHE

Im Speziellen geht es jetzt um Knochen und Muskeln. Die folgenden Fragen der mündlichen Prüfungsprotokolle sollen dir helfen, das Gelernte zu rekapitulieren.

1. **Bitte erklären Sie, woraus Knochen aufgebaut ist.**
2. **Erläutern Sie bitte den Unterschied zwischen Lamellen- und Geflechtknochen. Wo kommen die beiden vor?**
3. **Erklären Sie bitte, was ein Osteon ist.**
4. **Erklären Sie bitte den Aufbau eines Sarkomers.**
5. **Bitte erklären Sie, was das Besondere an Herzmuskelzellen ist.**
6. **Erläutern Sie bitte, was das Besondere an glatter Muskulatur ist und wo sie vorkommt.**
7. **Bitte nennen Sie die Stationen der elektromechanischen Koppelung.**

FÜRS MÜNDLICHE

1. Bitte erklären Sie, woraus Knochen aufgebaut ist.
Zellen:
- Osteoblasten
- Osteozyten
- Osteoklasten

Interzellulärsubstanz:
- Apatitkristalle
- Kollagen Typ I

2. Erläutern Sie bitte den Unterschied zwischen Lamellen- und Geflechtknochen. Wo kommen die beiden vor?
Geflechtknochen:
- Kollagenfasern ungeordnet (z. B. Os temporale Pars petrosa)

Lamellenknochen:
- Kollagenfasern schichtartig in Spezial-, Schalt- und Generallamellen aufgebaut (z. B. Diaphyse langer Röhrenknochen)

3. Erklären Sie bitte, was ein Osteon ist.
Eine Baueinheit des Knochengewebes:
- Konzentrische Speziallamellen mit dazwischenliegenden Osteozyten liegen um einen Havers-Kanal herum.

4. Erklären Sie bitte den Aufbau eines Sarkomers.
In einem Sarkomer liegen Aktin- und Myosinfilamente parallel zueinander verschieblich. Unterschiedliche Überschneidungsorte und Verbindungslinien bilden: Z-, I-, A-, H- und M-Streifen.

5. Bitte erklären Sie, was das Besondere an Herzmuskelzellen ist.
Herzmuskelzellen
- haben eine Y-förmige Zellgestalt,
- haben eine Querstreifung wie die Skelettmuskelzellen,
- arbeiten unermüdlich,
- haben viele Mitochondrien,
- haben Glanzstreifen,
- besitzen keine Regenerationsfähigkeit,
- produzieren Hormone.

6. Erläutern Sie bitte, was das Besondere an glatter Muskulatur ist und wo sie vorkommt.
Glatte Muskulatur
- hat keine Streifung wegen der ungeordneten Filamentanordnung,
- hat einkernige Zellen,
- hat keine T-Tubuli,
- kennt kein Alles-oder-Nichts,
- hat eine effizientere Kraftentwicklung als die quergestreifte Muskulatur,
- kommt im Darm sowie den Gefäßen vor.

7. Bitte nennen Sie die Stationen der elektromechanischen Koppelung.
- Synapse,
- Zellmembran,
- T-Tubuli,
- L-Tubuli,
- Zytoplasma,
- Aktin- und Myosinfilamente.

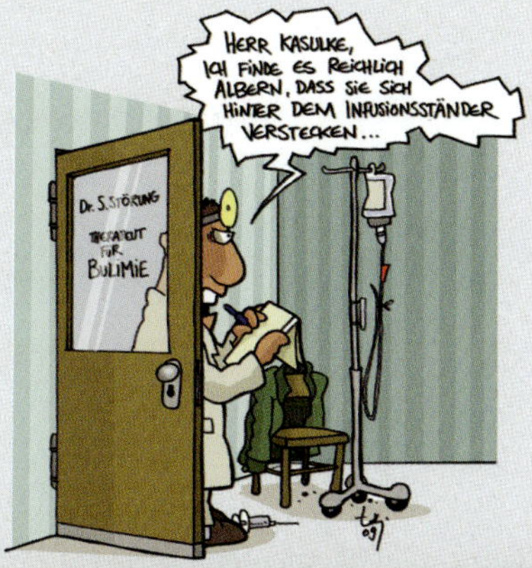

Pause

Kurz grinsen, eine mittellange Pause einlegen und dann auf an das letzte Kapitel!

„Gibt es Krankenhäuser am Kilimandscharo?"

Wir helfen Ihnen, Ihren Famulatur- und PJ-Auslandsaufenthalt vorzubereiten!

Mit kostenfreien Informationsmappen zu 32 Ländern

- Wertvolle Tipps
- Kontaktadressen
- Hintergrundinformationen
- Erfahrungsberichte von Medizinstudierenden und jungen Ärzten

Jetzt kostenfrei im Internet bestellen

www.aerzte-finanz.de/laenderinformationen und bei Ihrem persönlichen Berater der Deutschen Ärzte Finanz abholen!

Deutsche Ärzte Finanz

Standesgemäße Finanz- und Wirtschaftsberatung

2.4 Nervengewebe

Das Nervengewebe bildet sicherlich den komplexesten und bis jetzt am wenigsten verstandenen Teil unseres Körpers: das zentrale und das periphere Nervensystem. Wir dürfen in diesem Abschnitt endlich einmal ein wenig philosophisch werden, wenn wir uns überlegen, was für eine aufregende, einzigartige Aufgabe uns hier ansteht: Eine Struktur versucht sich selbst ansatzweise zu verstehen, sich selbst (auch mittels anderer Lebewesen, z. B. Versuchstieren) auf den Grund zu gehen und ihre ihr selbst innewohnende Funktionsweise zu entschlüsseln. Das gibt es vielleicht sonst nirgendwo im Universum. Dass uns ausgerechnet das Physikum vor diese eventuell unlösbare Aufgabe setzt, zeigt, wie anmaßend Wissenschaft manchmal ist ...

Im Nervengewebe kann man zwei Zellgruppen unterscheiden:

- die funktionellen Nervenzellen oder Neurone und
- die Stütz- und Helferzellen, die Gliazellen.

Dieses Kapitel wird sich größtenteils mit den Neuronen beschäftigen, ihre Morphologie, ihre Klassifikation und ihre Verbindungen (die Synapsen) betrachten, um dann – von klein auf groß – erst den Aufbau der Nervenfasern und dann den der makroskopisch sichtbaren Nerven zu behandeln.

Die Gliazellen werden hier nur kurz angesprochen, obwohl ohne sie keine Nervenzelle lange überleben, geschweige denn funktionieren könnte und beide entwicklungsgeschichtlich aus dem gleichen Gewebe hervorgehen, dem Neuroektoderm.

Den Abschluss bildet ein kurzer Abschnitt über die Ganglien, da sie immer wieder im Physikum gefragt werden und der Großteil der Fragen mit einigen wenigen Begriffen souverän beantwortet werden kann.

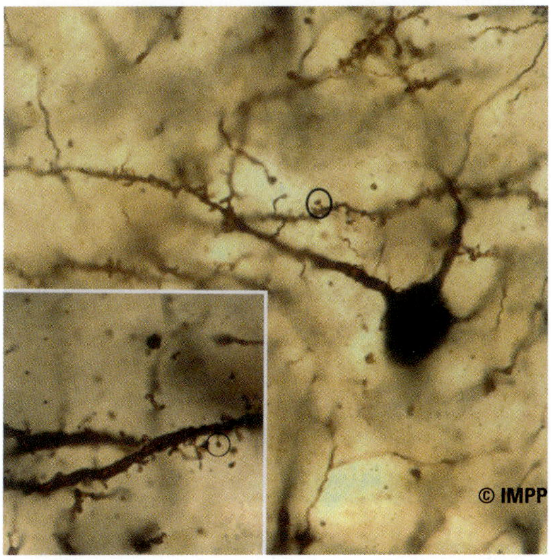

Abb. 35: Spines an den Dendriten eines Neurons

medi-learn.de/histo1-35

2.4.1 Nervenzellen = Neurone

Man streitet sich noch über die Anzahl der Nervenzellen in unserem Körper, die Angaben schwanken zwischen 10 und 30 Milliarden. Sie sind unsere informationsverarbeitenden und -speichernden Einheiten mit Fähigkeiten, die jeden Computer in den Schatten stellen.

Morphologie

Grob lässt sich der Aufbau von Neuronen in drei Abschnitte unterteilen: einen empfangenden, einen verarbeitenden und einen sendenden Teil (s. Abb. 36, S. 50). Der empfangende Abschnitt wird von den baumartigen **Dendriten** gebildet, den Zellausläufern, an die die Synapsen anderer Zellen andocken. Zahlreiche Dendriten haben Dornen (spines). Dabei handelt es sich um bis zu 2 µm große Vorwölbungen, an die in der Regel andere Axone mit Synapsen herantreten. Die Information sammelt sich auf der Membran des **Perikaryons**, des zytoplasmareichen Abschnitts um den Zellkern herum. Hier liegt das trophische Zentrum der Zelle: Im Zytoplasma und den Organellen werden die meisten metabolischen Aufgaben der Zelle gemeistert und hier werden auch die Informationen in Form veränderter Membranpotenziale gesammelt sowie verarbeitet. Am großen Zellkern fällt vor allem sein deutlicher Nukleolus und fein verteiltes Chromatin auf. Franz Nissl entwickelte als 24-jähriger Medizinstudent im Jahre 1884 eine bis heute benutzte Färbung (die Nissl-Substanz), mit der sich grobschollige Organellen im Zytoplasma von Nervenzellen darstellen lassen. Das endoplasmatische Retikulum des Nerven war gefunden. Hier werden alle erforderlichen Proteine der Zelle synthetisiert. Das Zytoskelett wird hauptsächlich von Neurofilamenten und Mikrotubuli gebildet.

An einem besonderen Abschnitt des Perikaryns ohne Nissl-Substanz – dem Ursprungskegel oder Axonhügel – beginnt der sendende Abschnitt der Zelle, das **Axon**. Jede Nervenzelle besitzt nur ein Axon, das aber bis zu 1 m lang werden kann (z. B. bei Nervenfasern, die die Fußmuskulatur innervieren). Am Ursprungskegel kann man das Axon von den Dendriten unterscheiden. Das Axon

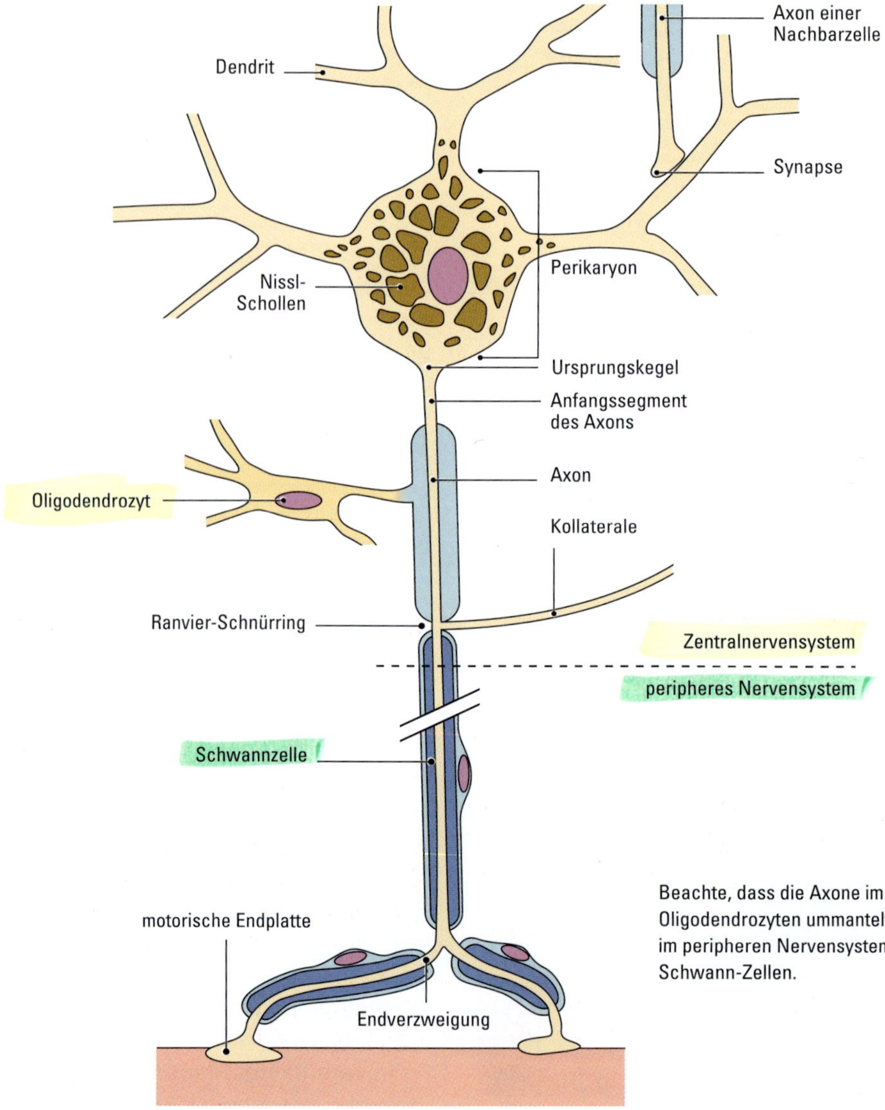

Beachte, dass die Axone im ZNS von Oligodendrozyten ummantelt werden, im peripheren Nervensystem aber von Schwann-Zellen.

Abb. 36: Schematischer Aufbau einer Nervenzelle

medi-learn.de/histo1-36

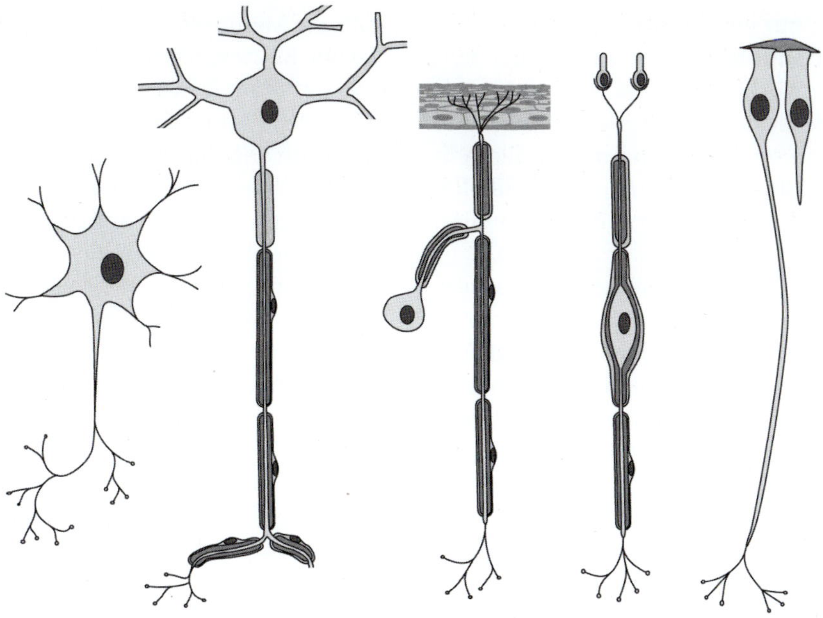

A: Multipolare Nervenzelle im Gehirn (Interneuron)
B: Motoneuron mit langem, myelinisiertem Axon
C: Pseudounipolare Nervenzelle, ihr Perikaryon sitzt im Spinalganglion (nicht eingezeichnet).
D: Bipolare Nervenzelle (wahrscheinlich im Hirnnerv VIII)
E: Primäre Sinneszelle in der Regio olfactoria (Zelle, die direkt Sinnesreize wahrnimmt und diese ins Gehirn weiterleitet, also histologisch zwischen Sinnes- und Nervenzellen einzuordnen ist).
Achtung: Die Proportionen sind grotesk verschoben, das Interneuron ist stark vergrößert dargestellt, das Axon bei B kann sehr lang sein und die bipolare Nervenzelle sehr kurz.

Abb. 37: Klassifikation von Nervenzellen

medi-learn.de/histo1-37

besteht aus einem Anfangssegment ohne Axonscheide, der Hauptverlaufsstrecke, die meistens ummantelt (myelinisiert) ist, und Endauftreibungen, den Boutons, an denen die Synapsen liegen. In den Axonen liegen – neben Mitochondrien – vor allem Mikrotubuli, die die Schienenwege für den axonalen Transport bilden. Hierbei schiebt Kinesin weg vom Zellkern und Dynein dazu hin.

Merke!

„Nerv, bin weg zum Kino und komme dynamisch zurück" für den axonalen Transport über Kinesin weg vom Zellkern und Dynein hin zum Zellkern.

Klassifikation

Auch Nervenzellen kann man dem Aussehen nach klassifizieren (s. Abb. 37). In diesem Fall mit nur geringem praktischen Nutzen für das wirkliche Leben, aber von herausragender Bedeutung für die Beantwortung der Physikumsfragen. Ganz besonders prüfungsrelevant ist, wo welche Nervenzellen vorkommen:

- **Bipolare Nervenzellen** sind äußerst selten und kommen z. B. in der Retina vor. Ihr Perikaryon besitzt zwei Pole: Auf der einen Seite erreicht ein einziger Fortsatz, der sich in der Perpherie aufzweigen kann, das Perikaryon. Auf der gegenüberliegenden Seite sprießt ein weiterer Fortsatz aus.
- In **pseudounipolaren Nervenzellen** durchlaufen die Erregungen das Perikayon nicht.

Es besitzt nur einen Fortsatz, der sich aber in einen Dendriten- und einen Axonteil aufspaltet. Von essenzieller Bedeutung für das Physikum ist ihr Vorkommen: Pseudounipolare Nervenzellen kommen vor allem in **sensiblen Spinalganglien** und in **sensiblen Hirnnervenganglien**, wie z. B. im Ganglion trigeminale, vor.

- **Multipolare Nervenzellen** besitzen mehrere Dendriten und ein Axon. Die meisten Nervenzellen sind multipolare Nervenzellen. Sie kommen in den vegetativen Ganglien – z. B. den Grenzstrangganglien und dem Ganglion ciliare – sowie überall im Gehirn vor. Multipolare Nervenzellen haben häufig sehr auffällige Formen, die dann besonders bezeichnet werden: Motoneurone, Purkinje-Zellen, Pyramidenzellen usw.

Synapsen

Synapsen sind Orte, an denen eine elektrische Erregung von einer Zelle in eine chemische Form übertragen wird, so die folgende Zelle erreicht und dort weiterverarbeitet wird, z. B. erneut in eine elektrische Erregung umgewandelt wird. Die zwei Partnerzellen können zwei Nervenzellen, eine Nerven- und eine Muskelzelle, eine Nerven- und eine Drüsenzelle oder auch eine Sinnes- und eine Nervenzelle sein.

Bei Synapsen zwischen zwei Nerven werden drei wesentliche Abschnitte unterschieden:

- der präsynaptische Abschnitt mit der präsynaptischen Membran, Bläschen und Zellorganellen,
- der synaptische Spalt und
- der postsynaptischer Abschnitt.

Im **präsynaptischen Abschnitt** werden die präsynaptischen Bläschen entweder über den axonalen Transportweg in die Boutons transportiert oder im hier vorhandenen endoplasmatischen Retikulum synthetisiert, wobei sie von einem Protein, dem **Synapsin**, umgeben sind, das sie am Zytoskelett befestigt. Weiterhin liegen im Bouton auch noch Mitochondrien und Neurofilamente und natürlich die präsynaptische Membran. Erreicht ein Aktionspotenzial den Bouton, öffnen sich spannungsabhängige Ca^{2+}-Kanäle, was zu einem Ca^{2+}-Einstrom in die Zelle führt. Dadurch löst sich das Synapsin von den Bläschen, die dann mit der präsynaptischen Membran verschmelzen und die Transmitter in den synaptischen Spalt freisetzen. Sowohl die Bläschenmembran als auch die Transmitter können recycelt werden: die Membran über Mikropinozytose (als Coated Vesicle), die Transmitter über Wiederaufnahme in die präsynaptische Zelle. Der **synaptische Spalt** ist meistens 20 nm breit (Ausnahmen: Synapsen „en distance", die z. B. die glatte Muskulatur innervieren und deren synaptischer Spalt bis zu 500 nm breit ist) und mit einer dichten Schicht aus Glykoproteinen ausgefüllt, die die Zellen aneinander befestigen. Die Transmitter diffundieren durch diesen Spalt, binden an einen postsynaptischen Rezeptor und werden nach ihrer Wirkungsentfaltung abgebaut oder diffundieren weg.
Der **postsynaptische Abschnitt** besteht aus einer Membran mit Rezeptorproteinen, an die die Transmitter andocken. Ist die postsynaptische Zelle eine Nervenzelle, wird hier das chemische Signal wieder in ein elektrisches (Änderung des Membranpotenzials) umgewandelt.

In Sinneszellen mit einem hohen konstanten Umsatz an Neurotransmittern, so z. B. den Photorezeptorzellen, den bipolaren Zellen der Retina und in vestibulocochleären Haarzellen, sind spezialisierte Synapsen, sog. synaptische Bänder oder Lamellen, beschrieben worden, die die koordinierte Freisetzung von besonders vielen Vesikeln ermöglichen.

Axonscheide

Wie in der Elektrotechnik, sind auch im Nervensystem elektrische Leitungen ohne Isolation nur in Ausnahmen etwas wert. Die Isolationsschicht um die Axone – die Axonscheide – wird im peripheren Nervensystem von den **Schwann-Zellen** gebildet. Sie können viele Membranschichten (Lamellen) bilden, die

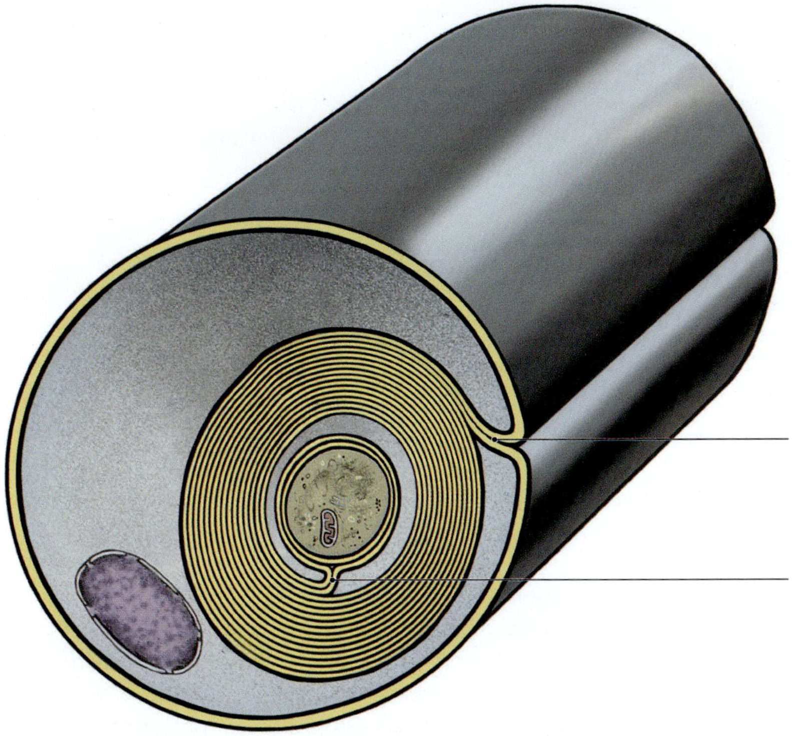

Abb. 38: Axonscheide

medi-learn.de/histo1-38

als **Mark** oder **Myelin** bezeichnet werden. Je nach Vorkommen der Lamellen unterscheidet man markhaltige und marklose Nervenzellen. Bei der Entwicklung der **markhaltigen Nervenzellen** stülpen sich die Hüllzellen um die Axone. Treffen die beiden Zytoplasmaausläufer zum ersten Mal auf der anderen Seite zusammen, liegen zwei Membranschichten ein und derselben Hüllzelle aneinander. Diese Doppelschicht nennt man **Mesaxon**. Ein Ausläufer stülpt sich zungenartig unter den anderen und wickelt sich immer weiter um das Axon, bis viele Membranabschnitte (mit fast keinem Zytoplasma dazwischen) übereinander liegen und das Myelin bilden. Ein (äußeres und ein inneres) Mesaxon bleibt aber immer vorhanden (s. Abb. 38).

Im Längsschnitt einer markhaltigen peripheren Nervenfaser sind mehrere Strukturen erkennbar:

- Ein **Ranvier-Schnürring** liegt zwischen zwei hintereinander an dem Axon liegenden Schwann-Zellen. Hier kann eine Depolarisation der Axonmembran erfolgen, da diese hier nicht isoliert ist. Die Basalmembran, die den Hüllzellen außen anliegt, ist übrigens auch hier nicht unterbrochen, was du dir fürs Physikum merken solltest.
- Der Abstand zwischen zwei Ranvier-Ringen wird als **Internodium** bezeichnet und entspricht damit genau der Länge einer Schwann-Zelle.

- **Schmidt-Lanterman-Einkerbungen** sind gar keine Einkerbungen, sondern kurze Abschnitte innerhalb eines Internodiums, in denen das Zytoplasma zwischen den Membranen erhalten geblieben ist. Sie stellen also im Gegenteil eine Erweiterung (Ausbuchtung) der Membranschichten dar und sind für den erleichterten

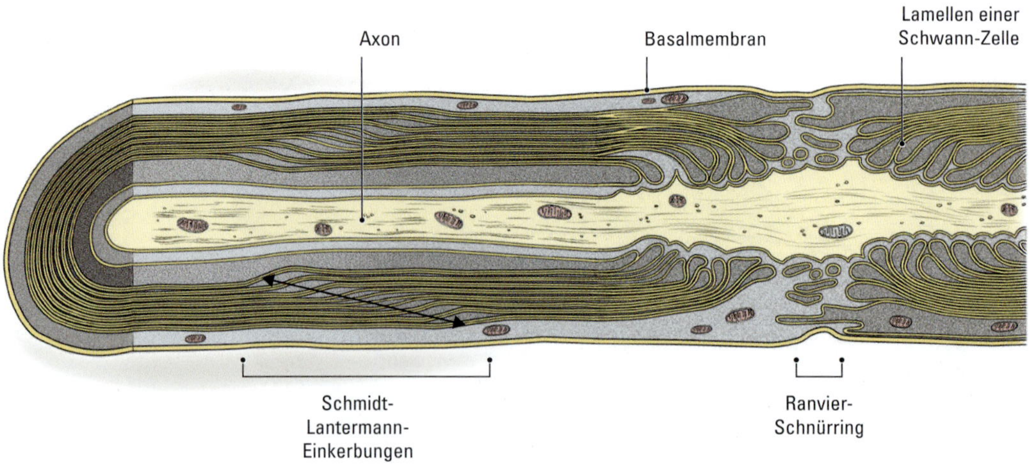

Abb. 39: Markhaltige periphere Nervenfaser, Längsschnitt *medi-learn.de/histo1-39*

Stoffaustausch zwischen den außen- und den innenliegenden Schichten mit Gap Junctions ausgestattet.

Marklose Nervenfasern sind auch von Hüllzellen umgeben, die sich allerdings nur um die Axone gestülpt haben – sie bilden ein Mesaxon, wickeln sich aber nicht weiter herum. Eine Hüllzelle kann eine einzelne Nervenfaser, aber auch mehrere marklose Nervenfasern gemeinsam umhüllen, die sich dann ein **Mesaxon** teilen.

2.4.2 Nerven

Nerven sind von Bindegewebe zusammengefasste Nervenfasern (Axon + Schwann-Zelle) peripherer Nerven. Um das einmal von klein nach groß aufzuzählen:

1. Um ein Axon gewickelt liegt die **Schwann-Zelle**,
2. die Schwann-Zelle ist von Bindegewebe umgeben (das **Endoneurium**),
3. das Endoneurium ist von **Perineurium** umgeben,
4. das Perineurium fasst die Nervenfasern bündelartig zusammen und
5. diese Bündel werden wiederum vom **Epineurium** als **Nerv** zusammengehalten.

2.4.3 Neuroglia

Neurogliazellen kommen sowohl im peripheren als auch im zentralen Nervensystem vor. Die Gliazellen im peripheren Nervensystem sind die **Schwann-Zellen**, die größtenteils schon besprochen wurden. Sie umhüllen die peripheren Nervenfasern und bilden obendrein auch noch wesentliche Leitschienen bei der Regeneration verletzter Nervenfasern (Büngener-Bänder).

Im Gehirn sind die Gliazellen im Prinzip die spannenden Zellen. Um ein ganz weites Beispiel heranzuholen: Wäre das Gehirn ein Krankenhaus und die Ärzte die Informationsverarbeiter, also die Nervenzellen, erschienen die Gliazellen als die Personen, die den ganzen Betrieb im Gange halten, also die Krankenschwestern, Putzfrauen und Sekretäre, ohne die die Ärzte keinen Tag auch nur ansatzweise etwas zustande brächten.

An dieser Stelle werden nur die **Astrozyten** und die **Oligodendrozyten** besprochen. Es gibt aber noch einen Haufen anderer Gliazellen, wie die Mikrogliazellen, die Makrophagenäquivalente des Gehirns, oder auch die Tanyzyten, Pituizyten und Ependymzellen, von

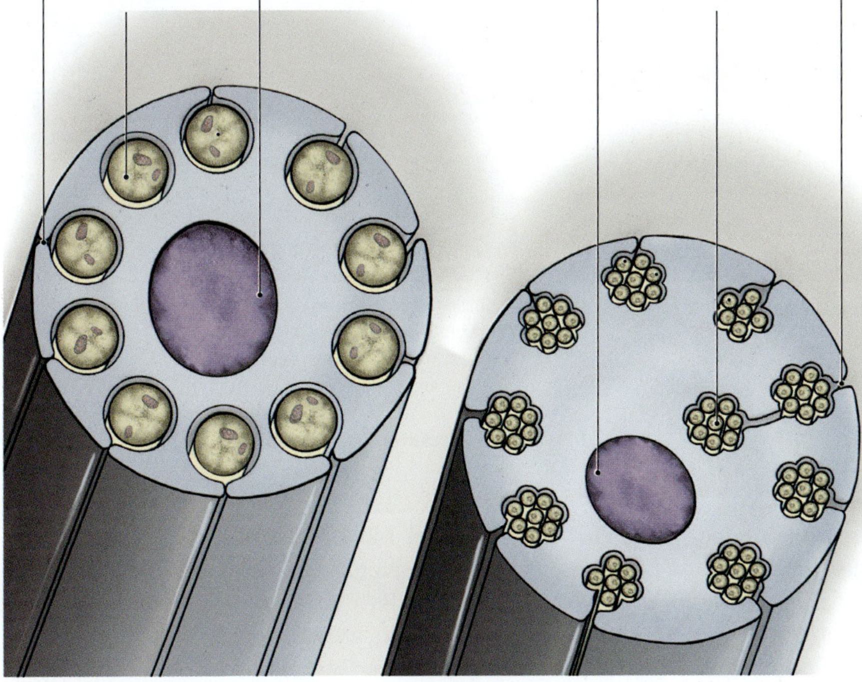

Abb. 40: Marklose periphere Nervenfaser, Querschnitt

medi-learn.de/histo1-40

deren Existenz du wenigstens schon einmal gehört haben solltest. Gemein ist allen Gliazellen, dass sie – im Gegensatz zu den meisten Nervenzellen – zeitlebens teilungsfähig bleiben (womit der Krankenhausvergleich schon ein wenig ins Hinken gerät).

Astrozyten heißen so, weil sie wunderschön sternförmig aussehen, was man – wie du dir hoffentlich gemerkt hast – am besten mit der **GFAP-Färbung** darstellen kann (s. Abb. 3, S. 6). Sie erfüllen vielfältige Aufgaben:

- Sie „füttern" die Nervenzellen mit Metaboliten und
- kontrollieren den Ionenhaushalt, vor allem den Kaliumhaushalt an den Synapsen.
- Wird das ZNS verletzt, vergrößern sich die Astrozyten, teilen sich und bilden Narben.

Untereinander stehen Astrozyten durch Gap Junctions in Verbindung.

Übrigens ...
Die Astrozyten sind die Lieblinge eines jeden Krankenhauses und außerdem auch noch des schriftlichen Physikums, weshalb du sie dir unbedingt merken solltest.

Oligodendrozyten sind die Hüllzellen des Gehirns und erfüllen die Aufgabe der peripheren Schwann-Zellen. Sie isolieren Axone im ZNS – inkl. Rückenmark und Nervus opticus – nicht jedoch den peripheren Verlauf der restlichen Hirnnerven, die von Schwann-Zellen umgeben sind. Im Unterschied zu ihren peripheren Verwandten umhüllt ein Oligodendrozyt viele Axone mit seinen Ausläufern, sodass in den Axonscheiden im ZNS die Zellkerne fehlen. Außerdem sind Oligodendrozyten NICHT von einer Basalmembran umgeben.

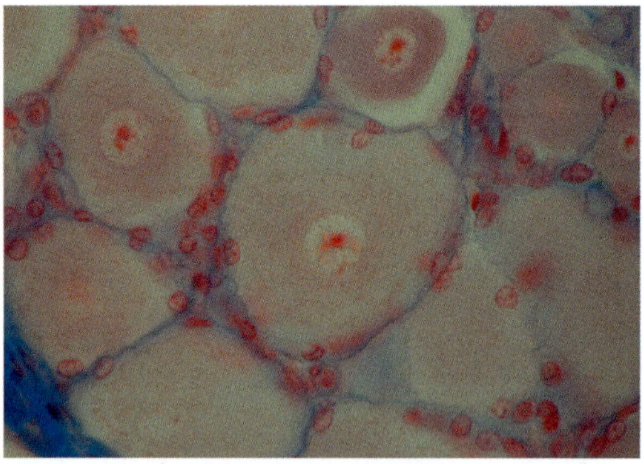

Abb. 41: Pseudounipolare Nervenzellen im Spinalganglion *medi-learn.de/histo1-41*

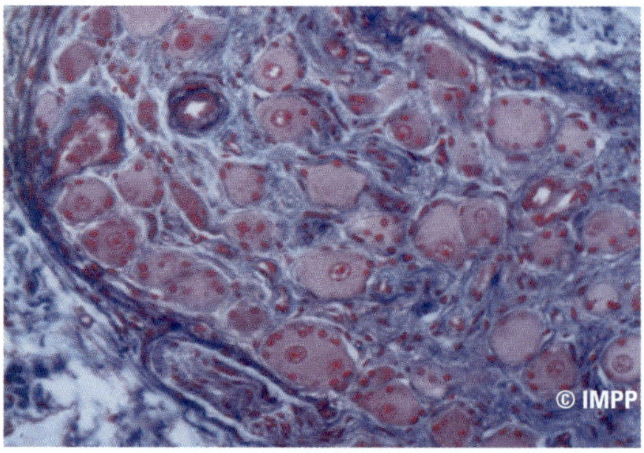

Auch hier erkennt man viele kleine Zellen (oder besser deren Kerne) um große Zellen mit einem mittigen Zellkern herum. Weiterhin ist viel Bindegewebe und ungefähr auf 11 Uhr eine Arteriole zu sehen.

Abb. 42: Autonomes Ganglion
medi-learn.de/histo1-42

2.4.4 Ganglien

Ganglien sind ovale, von Bindegewebe umhüllte Ansammlungen der Perikarya peripherer Nerven. Die Perikarya werden von einer Schicht flacher Mantelzellen, den **Satellitenzellen**, umgeben. Man unterscheidet histologisch v. a. die kraniospinalen und die vegetativen Ganglien:

- Als **kraniospinale Ganglien** fasst man Ganglien in den dorsalen Wurzeln der Spinalnerven im Rückenmark (Spinalganglien) und im Verlauf einiger sensibler Hirnnerven (kraniale Ganglien) zusammen. Sie enthalten hauptsächlich die von Mantelzellen umgebenen Perikarya pseudounipolarer Nervenzellen und von Schwann-Zellen ummantelte Axone. Mit der Verknüpfung „pseudounipolare Nervenzellen" und „Spinalganglion" findet man übrigens erstaunlich viele Physikumsantworten ...
- **Vegetative Ganglien** sind Bestandteile des vegetativen Nervensystems, also des Sympathikus oder Parasympathikus. In den vegetativen Ganglien erfolgt die Verschaltung des Axons eines präganglionären Neurons mit dem Perikaryon eines postganglionären Neurons. Wichtig zu merken ist, dass hier besonders viele **multipolare Nervenzellen** vorhanden sind.

DAS BRINGT PUNKTE

Damit du im Schriftlichen punkten kannst, solltest du dir zu den **Nerven** merken, dass

- beim axonalen Transport Kinesin weg vom Zellkern und Dynein hin zum Zellkern transportiert,
- pseudounipolare Nervenzellen v. a. in den sensiblen Kopf- und in den Spinalganglien vorkommen,
- periphere markhaltige Axone von Schwann-Zellen umgeben sind, deren Membranschichten lamellenartig umeinander gewickelt sind und ein äußeres sowie ein inneres Mesaxon bilden,
- periphere marklose Fasern sehr wohl auch ein Mesaxon besitzen, welches sich mehrere Fasern teilen können,
- Astrozyten GFAP-positiv sind und die Neurone metabolisch versorgen, den zentralnervösen Ionenhaushalt konrollieren sowie nach Hirnverletzungen Narben bilden können und
- Oligodendrozyten die Hüllzellen der zentralnervösen Axone sind.

Hilfreich ist daneben noch das Wissen um die Klassifikation und den Aufbau von Nervenzellen sowie über den Sinn und Unsinn von Ranvier-Schnürringen und Schmidt-Lanterman-Einkerbungen.

FÜRS MÜNDLICHE

Den Abschluss dieses Skripts bilden die Nerven. Ein letztes Mal Konzentrieren, dann liegt dieses Skript hinter dir. Auf geht's zu den mündlichen Prüfungsfragen zu diesem Thema.

1. **Bitte erklären Sie den Aufbau eines Neurons.**
2. **Bitte erläutern Sie, was Gliazellen sind und wofür sie gut sind.**
3. **Erklären Sie bitte den Aufbau einer Schwann-Scheide.**
4. **Bitte erläutern Sie, was ein Mesaxon ist.**

---

1. Bitte erklären Sie den Aufbau eines Neurons.

Ein Neuron besteht aus

- Dendriten,
- Perikaryon mit Zellkern und Nissl-Substanz,
- Axon mit Mikrotubuli und Boutons.

2. Bitte erläutern Sie, was Gliazellen sind und wofür sie gut sind.

Gliazellen sind die Stütz-, Isolations- und Hilfszellen des Nervengewebes. Oligodendrozyten (zentral) und Schwann-Zellen (peripher) isolieren, Astrozyten regulieren den Ionenhaushalt, versorgen Neurone und bilden Narben, Mikrogliazellen wirken bei der Immunabwehr mit.

3. Erklären Sie bitte den Aufbau einer Schwann-Scheide.

Schwann-Zellen bilden Zellmembran-Lamellen um das Axon herum (mit Zytoplasmaverdickungen, den Schmidt-Lanterman-Einkerbungen).

Zwischen zwei Zellen liegt der Ranvier-Schnürring zur saltatorischen Erregungsweiterleitung.

4. Bitte erläutern Sie, was ein Mesaxon ist.

Ein Mesaxon ist eine Doppellamelle, die innere und äußere Verbindung zwischen umgebender Zellmembran und Lamellenwickelung.

Mehr Cartoons unter www.medi-learn.de/cartoons

Pause

Geschafft! Hier noch ein kleiner Cartoon als Belohnung, bevor es mit dem Kreuzen losgeht ...

Histologische Färbungen

Färbung	Farbe der Zellkerne	Farbe des Zytoplasma	Farbe der Kollagenfasern
H.E. (Hämatoxylin-Eosin)	Blau	Rot	Rot
Azan (Azokarmin, Anilin, Orange G)	Rot	Blassrot	Blau
Van Gieson (Eisenhämatoxylin, Pikrinsäure, Säurefuchsin)	Braunschwarz	Gelb	Rot
Goldner (Eisenhämatoxylin, Azophloxin, Lichtgrün)	Braunschwarz	Rot	Grün
PAS (Period-Acid-Schiff)	Färbt Magentarot (u. a. Glykogen, Cellulose und neutralen Schleim, z. B. von Becherzellen)		
Giemsa	Rot	Bläulich	

- Saure Farbstoffe (z. B. Eosin) binden an basische Strukturen (z. B. Hämoglobin, Mitochondrien, Plasmaproteine), die dementsprechend als azidophil bezeichnet werden.
- Basische Farbstoffe (z. B. Hämatoxylin) binden an saure Strukturen (z. B. DNA, RNA), die dementsprechend als basophil bezeichnet werden.
- Die Giemsa-Färbung eignet sich besonders, DNA (und damit auch Chromosomen und mitotische Veränderungen) sowie Parasiten anzufärben.

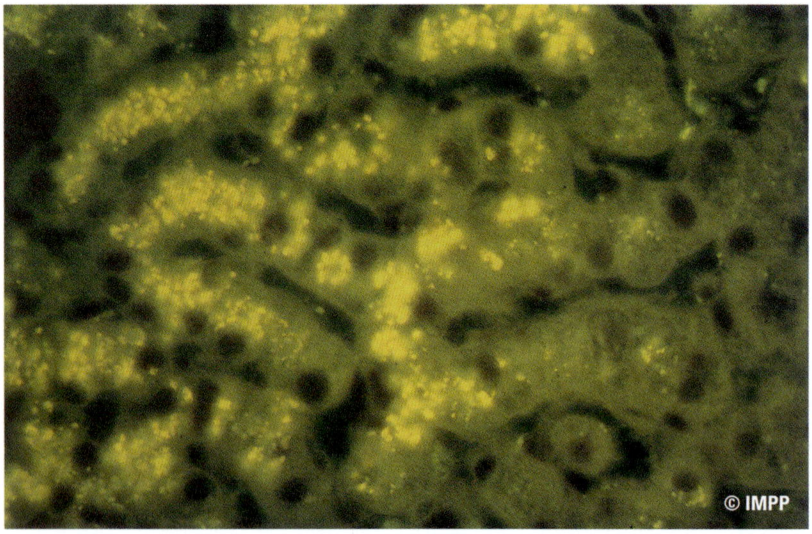

Lebergewebe unter UV-Licht fotografiert, sodass intrazelluläre Lysosomen durch Eigenfluoreszenz farblich anders sichtbar werden. Was da leuchtet, ist eingelagertes Lipofuszin, das man nur bei älterem Lebergewebe findet.

IMPP-Bild 1: Lipofuszin in der Leber *medi-learn.de/histo1-impp1*

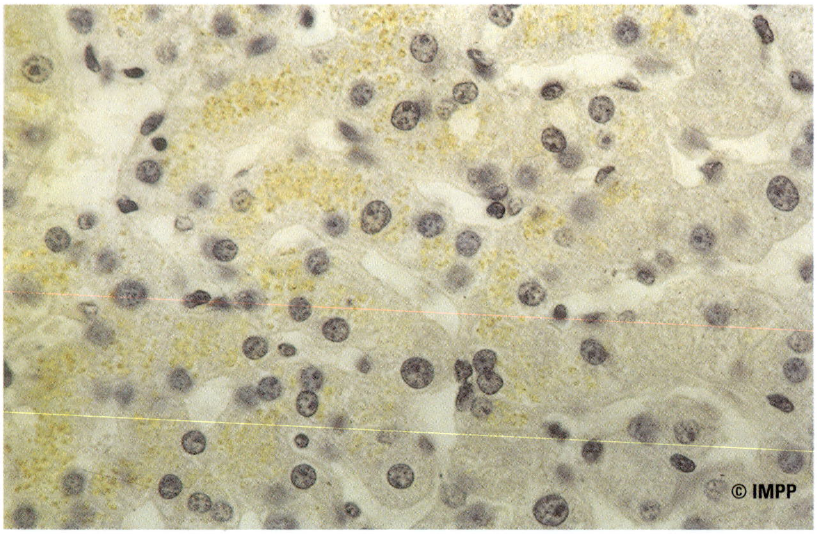

Mit Hämatoxylin gefärbtes Lebergewebe. Das Lipofuszin in den gealterten Leberzellen ist gelb gefärbt.

IMPP-Bild 2: Lipofuszin in der Leber *medi-learn.de/histo1-impp2*

Index

Index

Feedback

Deine Meinung ist gefragt!

Es ist erstaunlich, was das menschliche Gehirn an Informationen erfassen kann. Slbest wnen kilene Fleher in eenim Txet entlheatn snid, so knnsat du die eigneltchie lofnrmotian deoncnh vershteen – so wie in dsieem Text heir.

Wir heabn die Srkitpe mecrfhah sehr sogrtfältg güpreft, aber vilcheliet hat auch uesnr Girehn – so wie deenis grdaee – unbeswust Fheler übresehne. Um in der Zuuknft noch bsseer zu wrdeen, bttein wir dich dhear um deine Mtiilhfe.

Sag uns, was dir aufgefallen ist, ob wir Stolpersteine übersehen haben oder ggf. Formulierungen verbessern sollten. Darüber hinaus freuen wir uns natürlich auch über positive Rückmeldungen aus der Leserschaft.

Deine Mithilfe ist für uns sehr wertvoll und wir möchten dein Engagement belohnen: Unter allen Rückmeldungen verlosen wir einmal im Semester Fachbücher im Wert von 250 Euro. Die Gewinner werden auf der Webseite von MEDI-LEARN unter www.medi-learn.de bekannt gegeben.

Schick deine Rückmeldung einfach per E-Mail an support@medi-learn.de oder trag sie im Internet in ein spezielles Formular für Rückmeldungen ein, das du unter der folgenden Adresse findest:

www.medi-learn.de/rueckmeldungen